Eure Heilmittel sollen eure Nahrung sein und eure Nahrung eure Heilmittel!

Hippokrates (460–377 v. Chr.)

Gärtnern ohne Gift
Arthur Schnitzer

böhlau

Arthur Schnitzer

Gärtnern ohne Gift

Ein praktischer Ratgeber

3., ERWEITERTE AUFLAGE

Mit 143 Abbildungen und 11 Tabellen

Böhlau Verlag Wien Köln Weimar

Impressum

Alle Angaben in diesem Buch sind sorgfältig geprüft bzw. zusammengetragen und geben den neuesten Wissensstand bei der Veröffentlichung wieder. Vor dem Einsatz von zugekauften Mitteln sind die Gebrauchsanweisungen durchzulesen. Der Verfasser übernimmt weder eine juristische Verantwortung noch irgendeine Haftung.

www.arthurschnitzer.at

Die Bildrechte liegen beim Autor; mit Ausnahme jener Bilder auf Seite 282 und 295 (links).

Bibliografische Information der Deutschen Nationalbibliothek:
Die Deutsche Nationalbibliothek verzeichnet diese Publikation
in der Deutschen Nationalbibliografie; detaillierte bibliografische
Daten sind im Internet über https://dnb.de abrufbar.

1. Auflage 2006

© 2020 by Böhlau Verlag GmbH & Co. KG, Kölblgasse 8–10, A-1030 Wien
Alle Rechte vorbehalten. Das Werk und seine Teile sind urheberrechtlich geschützt. Jede Verwertung in anderen als den gesetzlich zugelassenen Fällen bedarf der vorherigen schriftlichen Einwilligung des Verlages.

Umschlagabbildung: Arthur Schnitzer

Korrektorat: Dore Wilken, Freiburg
Satz und Layout: Georg Schnitzer, Wien
Druck und Bindung: Finidr, Český Těšín
Printed in the EU

Vandenhoeck & Ruprecht Verlage | www.vandenhoeck-ruprecht-verlage.com

ISBN 978-3-205-21012-2

Inhalt

- 8 Vorwort

11 Allgemeines zur Erzeugung von gesunden Lebensmitteln
- 12 Klima
- 14 Der Klimawandel und seine Folgen für den Gartenbau
- 14 Hitzeschäden an Gemüse und Obst
- 16 Maßnahmen für Hausgärten in Zeiten des Klimawandels
- 19 Boden
- 21 Humus
- 24 Düngung und Nährstoffaufnahme
- 27 Kompost
- 39 Terra Preta
- 43 Gründüngung
- 50 Mulchen
- 55 Mischkultur
- 68 Wurzelsysteme bei Gemüsepflanzen
- 69 Wie Pflanzen reagieren
- 72 Wintergemüse
- 74 Neophyten
- 75 Dammkultur
- 77 Permakultur
- 77 Bewässerung
- 80 Erlebnisraum Garten
- 84 Gärtnern mit dem Mond
- 89 Gentechnik ist keine Lösung

95 Natürlicher Pflanzenschutz aus der eigenen Gartenapotheke
- 96 Krankheitserreger, Schädlinge und Nützlinge an Pflanzen
- 106 Lichtverschmutzung
- 107 Was sind Pflanzenstärkungsmittel?
- 108 Grundlagen – Vorbeugung
- 112 Chemisch-synthetischer Pflanzenschutz
- 114 Biologischer Pflanzenschutz
- 116 Feindbild Schädling?
- 117 Natürliche Mittel zur Pflanzenstärkung bzw. zur Schädlings- und Krankheitsabwehr
- 120 Fakten zur Qualität unserer Lebensmittel
- 120 Gesunde Lebensmittel

129 Grundrezepte
- 130 Ernten von Kräutern
- 131 Trocknen von Kräutern
- 132 Jauchen
- 138 Kaltwasserauszug
- 139 Brühe
- 140 Tee
- 142 Extrakt
- 142 Ausbringung

145 Wichtige Kennzahlen und Empfehlungen
- 146 Extrakte
- 146 Geeignete Behälter für die Herstellung von Jauchen, Brühen etc.
- 149 Konzentration- und Produkt-Bedarfsumrechnungstabelle

151 Pflanzenstärkungs- und pflegemittel
- 152 Zubereitungen und Wirkungen pflanzlicher Stärkungsmitteln
- 154 Ackerschachtelhalm
- 160 Ampfer
- 161 Baldrian
- 163 Basilikum
- 164 Beinwell
- 166 Birke
- 167 Brennnessel
- 171 Eberraute
- 172 Efeu
- 173 Eiche
- 175 Farnkraut
- 178 Fenchel
- 180 Große Klette
- 181 Hirtentäschel
- 182 Holunder
- 183 Kamille
- 186 Kapuzinerkresse
- 187 Knoblauch
- 192 Kohl
- 193 Kren (Meerrettich)
- 195 Lavendel
- 196 Löwenzahn

Inhalt

- 198 Möhren (Karotten)
- 199 Moos
- 201 Niembaum
- 203 Pechnelken
- 204 Pfefferminze
- 205 Rainfarn
- 208 Rhabarber
- 211 Ringelblumen
- 212 Rote Rübe (Rote Bete)
- 213 Sachalinknöterich
- 214 Salbei
- 216 Schafgarbe
- 218 Schnittlauch
- 219 Thuja
- 220 Thymian
- 221 Tomaten (Paradeiser)
- 222 Vergorene Kräuterjauche
- 223 Wermut
- 226 Zwiebeln
- 229 Anmerkungen

231 Tee-Einsatz auf Großflächen

237 Weitere Pflanzenpflegemittel, Pflanzenhilfsmittel und Pflanzenschutzprodukte

265 Saatgutbeizungen

273 Nützlingseinsatz sowie biotechnische und technische Maßnahmen

281 Energetische Methoden
- 282 Homöopathie für Pflanzen
- 295 Biologisch-dynamische Wirtschaftsweise
- 298 Mit Asche kurieren

300 Stichwortregister

309 Literaturnachweis

Vorwort

Liebe Leserin, lieber Leser!

Bücher sind wie Gärten – sie müssen gehegt und gepflegt werden.

Es freut mich, Ihnen die dritte Auflage von *Gärtnern ohne Gift* vorstellen zu können. Die Überarbeitung war notwendig, um das vorliegende Buch auf den letzten Stand der Praxis zu bringen und den Klimawandel mit seinen vielfältigen Folgen einfließen zu lassen. Ich möchte mich auch für die positiven Rückmeldungen und den regen Austausch bedanken.

Immer mehr Menschen schätzen den Gemüse-, Obst- und Kräutergarten als Nutz- und Lebensraum sowie als Ort der Erholung. Sie wollen die Verantwortung für ihre Gesundheit und Pflanzen auf natürlichem Weg selbst übernehmen. Mit diesem Buch will ich Ihnen bei der Umsetzung helfen. In der Natur greift stets alles ineinander. Biologisch arbeiten bedeutet deshalb, das natürliche Gleichgewicht im eigenen Garten bzw. auf den eigenen Nutzflächen zu bewahren und die Abwehrkräfte der Pflanzen zu stärken.

Der Klimawandel wird immer stärker spürbar. Lange Trockenheit, Hitze und Starkregen machen nicht nur den Bauern das Leben schwer, auch Gärtner müssen sich darauf einstellen. Die veränderten klimatischen Bedingungen bedeuten enormen Stress für Flora und Fauna. Es kommt unter anderem zu Hitzeschäden an Gemüse und Obst, Sonnenbrand bei Bäumen sowie einem vermehrten Auftreten von Schädlingen aufgrund der verlängerten Vegetationszeiten. Ich werde Ihnen zeigen, wie Sie Ihren Garten kreativ und zukunftsorientiert auf die neuen klimatischen Gegebenheiten vorbereiten können.

Das vorliegende Buch bietet Ihnen neben grundlegenden Anleitungen zur Bodenpflege und Kulturführung eine Fülle von Rezepten zum Gärtnern und Bewirtschaften ohne Gift. Keinesfalls sollte Sie die große Anzahl an Rezepten abschrecken, lassen Sie sich vielmehr davon inspirieren! Sie werden erstaunt sein, wogegen alles ein *Kraut* gewachsen ist. Setzen wir auf das Natürliche, das Unverfälschte – anstatt Erfüllungsgehilfen einer technologiewütigen und auf Gewinnmaximierung ausgerichteten Agrar- und Lebensmittelindustrie zu werden.

Und wenn Sie das Glück haben, dass Ihre Pflanzen von keinen Krankheiten oder unliebsamen Lebewesen heimgesucht werden, dann finden Sie in diesem Buch viele Tipps, wie Sie Ihre Gärten und landwirtschaftlichen Kulturen dabei unterstützen können, weiterhin gesund zu bleiben.

Viel Erfolg beim Gärtnern und im Wein- und Obstanbau!

Arthur Schnitzer

Allgemeines zur Erzeugung von gesunden Lebensmitteln

Allgemeines zur Erzeugung von gesunden Lebensmitteln

Klima

In der Natur greift stets alles ineinander. Boden, Wasser, Vegetation und Atmosphäre sind komplexe Systeme, die eng miteinander verknüpft sind. Es ist deshalb unabdingbar, sich mit dem Klimawandel und seinen Auswirkungen auf den Gartenbau zu beschäftigen. Ich will nicht mit dem erhobenen Zeigefinger Vorschläge erteilen, wie Sie in Ihrem Garten kreativ auf die neuen klimatischen Gegebenheiten reagieren können. Spezifische Hinweise sind in die entsprechenden Kapitel eingebaut.

Klimaänderungen haben verschiedene Ursachen. Dazu gehören die Änderung der auf der Erde ankommenden Sonnenstrahlung, der an der Erdoberfläche reflektierenden Sonnenstrahlung und der in den Weltraum abgegebenen Wärmestrahlung sowie die interne Klimavariabilität (zeitliche und räumliche Schwankungen des Klimas). Der Treibhauseffekt wurde bereits 1824 entdeckt, die dadurch auftretende Klimaerwärmung konnte durch verbesserte Methoden gegen Ende der 1950er Jahre quantifiziert werden. In den letzten 150 Jahren hat die durchschnittliche Erwärmung weltweit ca. 0,8 °C und in Europa etwa 1 °C betragen. Im gleichen Zeitraum ist die Temperatur in Österreich jedoch um 1,8 °C gestiegen.

Die Welt verändert sich durch dein Vorbild, nicht durch deine Meinung.
PAULO COELHO

Es wird angenommen, dass sich die Temperatur bis 2050 in Europa im Durchschnitt um 2–2,5 °C erhöht. Für Nordeuropa wurde ein Ansteigen der Niederschlagsmenge von 20–40 % errechnet. Demgegenüber wird für Mittel- und Westeuropa eine deutliche Abnahme der Niederschläge im Sommer prognostiziert. Die Sommerniederschläge werden in unseren Breiten also geringer, im Winterhalbjahr soll es jedoch eine Erhöhung geben.

Mit stärker spürbarem Klimawandel geht das Problem immer häufiger dorthin, wo es herkommt: zu den Menschen. Lange Trockenheit, Hitze und Starkregen machen nicht nur den Bauern das Leben schwer, auch Gärtner müssen sich darauf einstellen.

KLIMA

Allgemeines zur Erzeugung von gesunden Lebensmitteln

Der Klimawandel bedeutet also enormen Stress für Flora und Fauna sowie den Gärtner und Landwirt.

Pflanzenfehler waren früher nicht so schlimm wie heute. Trotzdem ist es wichtig, gelassen zu bleiben und geschehen zulassen. Der zukunftsorientierte Gärtner akzeptiert die veränderten Klimabedingungen und bereitet seinen Garten auf die zunehmende Häufung von extremen Klima- und Wetterereignissen vor. Auch hier gilt: Gärtnern Sie möglichst ökologisch, fördern Sie die Vielfalt in Ihrem Garten, pflegen Sie Ihre Pflanzen nicht übermäßig und verzichten Sie auf Perfektion, setzen Sie stattdessen auf natürliche Dynamik und standortangepasste Pflanzen.

RECHTS
Auch Vorgärten sollen ökologisch gestaltet werden.

Allgemeines zur Erzeugung von gesunden Lebensmitteln

Der Klimawandel und seine Folgen für den Gartenbau

Der Klimawandel ist bereits in unseren Gärten angekommen. Die Sommer sind sehr heiß und trocken. Kommt es zu sintflutartigen Regenfällen, sind die Böden meist nicht in der Lage, diese großen Mengen aufzunehmen und zu speichern. Auch Stürme und Hagel treten verstärkt auf und stellen eine große Herausforderung dar. Der Rasen ist bereits jetzt der große Verlierer. Die folgenden Konsequenzen haben Sie vielleicht schon in Ihrem eigenen Garten erlebt:

Hitzeschäden an Gemüse und Obst

Ab einer Lufttemperatur von 28 °C bis 30 °C sowie einer Fruchttemperatur von ca. 40 °C, die länger als 3–4 Stunden andauert, kann es zu irreversiblen Hitzeschäden kommen. Ein Sonnenbrand macht sich durch gelbbraune oder weißliche Verfärbungen bemerkbar. Gefährdet sind etwa Äpfel, Beeren, Bohnenblätter, Kürbisgewächse,

OBEN
Sonnenbrand an Kürbissen.

RECHTS
Sonnenbrand-Verbräunung an Äpfeln.

LINKS
Sonnenbrand an Weintrauben.

HITZESCHÄDEN AN GEMÜSE UND OBST
Allgemeines zur Erzeugung von gesunden Lebensmitteln

Paprika, Tomaten und Trauben. Die Anfälligkeit kann auch sortenabhängig sein. Zusätzlich werden Blüten nicht bestäubt und abgestoßen.

Auch Bäume, besonders die dünnrindigen Baumarten, können Sonnenbrand bekommen. Obwohl die Winter etwas milder werden, kann Sonneneinstrahlung bei Tag und Frost in der Nacht zu großen Temperaturunterschieden führen. Rinde und Borke können aufplatzen, dadurch wandern Pilze und Parasiten ein und verursachen in der Folge Schäden. Erhöhter Ozonstress am Boden: Durch zu hohe Ozonbelastung werden Pflanzen anfälliger für Stressfaktoren, wie beispielsweise den Angriff von Krankheitserregern. Besonders empfindlich für Ozon sind Bohnen, Kartoffeln und Weintrauben.

→ Schützen Sie Bäume durch einen Stammschutzanstrich. Streichen Sie bei dünnrindigen Baumarten und gefährdeten Jungbäumen im Spätherbst die Stämme mit Kalk oder anderen im Fachhandel angebotenen Mitteln. Die weiße Farbe reflektiert die Sonneneinstrahlung. Stammschutzanstriche sind auch auf stark sonnenexponierten Pflanzenplätzen empfehlenswert.

RECHTS
Vor langer starker Sonneneinstrahlung kann Weißanstrich schützen.

Allgemeines zur Erzeugung von gesunden Lebensmitteln

Ausweitung der Anbauzeiträume im Frühjahr und Herbst: Jedes zusätzliche Grad Durchschnittstemperatur bringt eine ca. 8–10 Tage längere Vegetationszeit mit sich. Der Klimawandel lässt somit eine längere Vegetationszeit zu. Für den Gärtner bedeutet das, dass er deutlich früher aussäen und pflanzen kann. Bis in den Herbst hinein wird es möglich sein, verschiedenes Gemüse anzubauen. In Gunstlagen kann man sogar ganzjährig Gemüse wie Spinat oder Mangold anbauen. Durch den höheren CO_2-Gehalt im Herbst entwickeln sich auch die Pflanzen besser. Es ist jedoch zu bedenken, dass es sowohl im Frühjahr als auch im Herbst zu Frosteinbrüchen kommen kann. Als Schutz kann ein Abdeckvlies dienen. Der Absatz von Gemüse- und Balkonpflanzen hat sich in den letzten Jahren von etwa Mitte Mai auf März bzw. April verschoben.

Früheres und vermehrtes Auftreten von Schädlingen: Gleichzeitig werden jedoch auch Schädlinge früher auftreten und teilweise auch mehr Generationen pro Jahr entstehen. Der Winter zeigt sich meist von der milden Seite, sodass Schädlinge ohne Probleme überwintern und sich teilweise sogar vermehren können.

Maßnahmen für Hausgärten in Zeiten des Klimawandels

Die schleichende Klimaveränderung stellt für umweltbewusste Gärtner und Landwirte eine große Herausforderung dar. Es stellt sich die Frage: Was kann man als Betroffener tun? Tatsache ist: Wenn der Lebensraum für die Pflanzen stimmt, wachsen die Pflanzen gesünder und widerstandsfähiger. In klimaangepassten Gärten geht es vorrangig darum, die Ressourcen Boden, Wasser und Luft zu schützen.

→ Legen Sie hügelige Gärten an: Es war lange gängige Praxis, flache Gärten anzulegen. Heutzutage sind jedoch leicht hügelige Gärten von Vorteil. Bekommt der Garten ein schwach welliges Profil mit Hügeln und Senken, schützt man ihn gut vor Austrocknung und Überschwemmungen. Dadurch wirken Winde weniger austrocknend.

Allgemeines zur Erzeugung von gesunden Lebensmitteln

→ Stärken Sie das Mikroklima Ihres Gartens: Durch eine Verbesserung des Mikroklimas wird der Garten noch stärker vor Wind und Verdunstung geschützt. Gärten, die frei sonnseitig oder windausgesetzt sind, sollte man außerhalb durch Bäume und Hecken vor Verdunstung und Wind schützen. Bäume und Sträucher sind natürliche Klimaanlagen. Bereits durch eine 1,5 m hohe Hecke kann die Windgeschwindigkeit um bis zu 50 % reduziert werden, die

OBEN
Hecken dienen als Windschutz und reduzieren die Verdunstung.

UNTEN
Beim Hügelbeet erhalten sie durch die abfallende Form mehr Anbaufläche als beim Hochbeet.

Allgemeines zur Erzeugung von gesunden Lebensmitteln

Verdunstung sinkt um etwa 25 %. Wer sich für heimische, standortangepasste Wildstauden und Gehölze entscheidet, bekommt einen pflegeleichten Garten, der zusätzlich einen hohen Nutzen für Insekten und Vögel mit sich bringt. Ein Biotop oder ein Teich ist ebenfalls sehr vorteilhaft für das Mikroklima im Garten.

→ Verstehen Sie, wie Pflanzen auf Wetterextreme reagieren: Trockenheit, Wind und zu viel Sonne setzen Pflanzen zu. Bei Trockenstress kommt es beispielsweise zu einer Störung der Proteinbildung in der Pflanze und zu einer Ansammlung der Proteinbausteine Nitrat und freie Aminosäuren im Pflanzengewebe. Letztere sind bevorzugte Nahrungsbestandteile für Schädlinge und Pflanzenkrankheiten. Bei Sonneneinstrahlung wird das in der Pflanze eingelagerte Wasser entzogen und verdampft. Wenn die Pflanze nun nicht genügend Wasser über den Boden aufnehmen kann, wird ihr Gewebe geschädigt.

→ Wählen Sie anpassungsfähige Pflanzen. Es gibt keine absolut dürretoleranten Pflanzensorten. Auch wenn die Wissenschaft daran arbeitet, wird es noch lange dauern, bis solche Sorten erhältlich sind. Deshalb ist es umso wichtiger, dass Sie die Pflanzen für Ihren Garten mit großer Sorgfalt auswählen.

→ Beschatten Sie empfindliche Pflanzen: Um Sonnenbrand an Gemüse zu vermeiden, ist eine Beschattung durch spezielle Schattiergewebe, aber auch weiße Tücher möglich. Sonnenschirme kühlen nicht, sie schützen jedoch vor UV-Strahlung, deshalb sind sie auf Balkon und Terrasse meist unerlässlich. Bei Temperaturen über 30 °C reicht eine Lüftung im Folienhaus nicht mehr aus. Ein Nebelsprühgerät, welches Verdunstungskälte erzeugt, kann notwendig sein; jedoch kein kalkreiches Wasser verwenden. Helfen kann auch ein Ventilator, Schattierung, Schilfmatte, weißes Vlies, aufgetragene Schlemmkreide. Um Sonnenbrand an den Trauben zu verhindern, ist es möglich, die Entlaubung der Traubenzone um die Blütezeit vorzunehmen. Alternativ können Sie das Freistellen auf der West- und Südseite überhaupt unterlassen.

Wer etwas ändern will, muss selbst aktiv werden!

Boden

Der Boden ist ein gesamtheitliches System, das sich selbst organisiert. Er hat viele wichtige Funktionen inne: Er ist Lebensraum, Grundlage für die Ernährung, Wasserspeicher, Wasserfilter sowie Klimaschützer. Ein gesunder Boden ist die Grundlage für eine gesunde Flora und Fauna. Schon Justus von Liebig (Chemiker, 1803–1873) hat erkannt, dass Pflanzenkrankheiten von Bodenkrankheiten ausgehen. Die heutigen Böden verdanken ihre Zusammensetzung dem eiszeitlichen Geschehen, das heißt sie sind ca. 16.000 Jahre alt.

LINKS
Verdichtete Böden sind für die Pflanzenentwicklung äußerst ungünstig.

RECHTS
Regenwürmer sind die wichtigsten Baumeister fruchtbarer Böden.

»Der liebe Gott weiß, wie man fruchtbare Erde macht. Und hat sein Geheimnis den Regenwürmern anvertraut.«

FRANZÖSISCHES SPRICHWORT

Unser Boden ist die Grundlage für die landwirtschaftliche Produktion und somit für die Ernährung der Menschen und unser Leben. *Gesunder Boden – gesunde Pflanze – gesunde Tiere – gesunder Mensch!* Wir müssen wieder auf diese vier elementaren Grundsätze zurückgreifen. Ein Hauptaugenmerk der ökologischen Gärtner und Bauern gilt daher dem Boden. Aus ihm nehmen die Pflanzen alles, was sie zum Gedeihen benötigen. Wenn der Boden nicht in Ordnung ist,

BODEN
Allgemeines zur Erzeugung von gesunden Lebensmitteln

reagiert die Pflanze mit Kümmerwuchs, also schlechter Entwicklung. Im Idealfall besteht ein Boden in den oberen 20–30 cm nach Volumsprozenten aus etwa 50 % Feststoffe, 25 % Wasser und 25 % Luft. Von den Feststoffen entfallen in Gewichtsprozenten ca. 95 % auf Mineralsubstanz und rund 5 % auf organische (Humus, Organismen) Substanz. Unschätzbar wichtig für den Naturhaushalt ist die Filterwirkung des Bodens.

Der Boden ist mehr als nur eine Ansammlung von Nährstoffen. Was sich dort »unter Tag« abspielt, erinnert an ein Bergwerk, in dessen Stollen emsiges Treiben herrscht. Der Boden ist ein lebender Organismus. In einem guten, aktiven Boden sorgen fleißige Organismen für eine stabile Bodenstruktur. Diese ist Grundvoraussetzung für das Wohlbefinden unserer Pflanzen. Je weniger Bodenleben vorhanden ist, desto ungünstiger werden die Voraussetzungen für das Gedeihen gesunder Pflanzen. Die Regenwürmer zählen zu den wertvollsten Bodenbewohnern, sind zuverlässige Nährstoffaufbereiter und fühlen sich nur im humosen, lockeren Boden wohl. Um das wertvolle Bodenleben zu erhalten bzw. zu vermehren, ist die Fütterung mit organischer Substanz wie Kompost, Gründüngung etc. unabdingbare Voraussetzung.

In einem gesunden, fruchtbaren Boden lebt eine große Zahl verschiedenster pflanzlicher und tierischer Kleinlebewesen. Alle Bodenlebewesen haben ganz spezielle Aufgaben zu erfüllen und sind für eine nachhaltige Bodenfruchtbarkeit unersetzbar. Durch den Einsatz von Insektiziden, Fungiziden etc. kommt es zu einer nachhaltig negativen Beeinflussung für das Bodenleben. Nur aktive Bodenorganismen sind in der Lage, stabile Bodenkrümel zu bauen. Sie sind auch dafür verantwortlich, entsprechende Hohlräume für Wasser- und Luftspeicherung zu schaffen. In einem guten, dynamischen Boden hat das Bodenleben in den obersten 15 bis 40 cm ein Gewicht von ca. 0,7 bis 2 kg/m². Das Bodenleben ist das artenreichste Ökosystem der Erde!

Kannst du den Boden kneten, sollst du ihn nicht betreten!
ALTES GÄRTNERSPRICHWORT

Allgemeines zur Erzeugung von gesunden Lebensmitteln

Der Boden ist ein lebendiges Gebilde und will auch als solches behandelt werden. Wir sollten daher bemüht sein, unseren Boden durch sorgfältige Bewirtschaftung in seiner Struktur zu erhalten bzw. seine Fruchtbarkeit zu steigern. Dies ist nur möglich, wenn man dabei auf den Kreislauf der Natur Rücksicht nimmt. Als Gemüseböden sind tiefgründige, humose, gare, sandige Lehmböden, aber auch lehmige Sandböden bestens geeignet. Bodengare ist der Idealzustand eines fruchtbaren Bodens. Ein garer Boden ist krümelig, humos, gut durchlüftet, ausreichend feucht und leicht durchwurzelbar.

Unser Leben ist untrennbar mit dem Leben der Pflanzen verbunden – das ist Naturgesetz!

Humus

Es gibt viele Definitionen für Humus. Für die Praxis am ehesten übertragbar ist wohl jene, die Humus als eine »vielfältige Lebensgemeinschaft von tätigen Organismen mit ihren eiweißhaltigen Zellen, deren Nahrungsstoffen und Stoffwechselprodukten, ihren Hormonen, Auxinen, Antibiotika und mehr oder weniger erforschten Wirkstoffen« umschreibt. Dadurch übernimmt der Humus im Boden etwa die Aufgabe einer Schilddrüse, wie *Sekera* seinerzeit berichtete. Der Boden ist der größte CO_2-Speicher der Erde und je größer die Humusschicht, umso mehr CO_2 wird im Boden gespeichert.

Der Humusgehalt ist eine wichtige Kenngröße des Bodens. Eigenschaften wie Struktur, Lufthaushalt, Durchwurzelbarkeit, Nährstoffdynamik stehen in engem Zusammenhang mit der Humusmenge des Bodens. Der Humus ist die Speisekammer für Pflanzennährstoffe und Lebensraum für die Bodenorganismen. Als Messgröße wird der Kohlenstoffgehalt in der organischen Substanz verwendet. Ein guter humoser Boden soll 4–6 % Humus haben

HUMUS
Allgemeines zur Erzeugung von gesunden Lebensmitteln

und bei 1,5 bis 1 % kann man schon von nahezu leblosen Böden sprechen. Je mehr Humus vorhanden ist, umso aktiver ist das Bodenleben und umso größer ist die Stickstoffbindung und Anreicherung anderer Nährstoffe im Boden. Von unschätzbarer Bedeutung sind die Aufgaben der Mikroorganismen in der Humusschicht als Nahrungsaufbereiter für unsere Pflanzen (so können beispielsweise schlecht lösliche Rohphosphate in lösliche Formen übergeführt werden) und als Lieferanten für verschiedene Abwehrstoffe, welche die Widerstandskraft der Pflanze gegen Krankheiten und Schädlinge erhöhen. Die Humusbildung vollzieht sich in zwei Stufen. Zuerst wird die organische Substanz aus den Bodenmineralien abgebaut, das heißt die Stoffe werden aufgelöst. Danach folgt der Aufbau zu ganz neuen Verbindungen, den sogenannten Humusstufen. Die Humusbildung ist also ein biologischer Vorgang.

LINKS
Pflanzen fühlen sich in einem humusreichen Boden wohl.

Die Wurzel ist das Spiegelbild des Bodens.

Humus ist von großer Bedeutung für den Boden, da er gleichzeitig als Nahrungsquelle für das Bodenleben und als Nährstoffspeicher dient. Mithilfe des Bodenlebens entstehen die wichtigen Ton-Humus-Komplexe; man spricht von Lebendverbauung. Je besser eine solche ist, umso günstiger sind Wasser- und Luftführung sowie Speicherkraft und Nachlieferung von Nährstoffen. Das Vorhandensein von Humus ist für die Bodenfruchtbarkeit unabdingbare Voraussetzung. Gut mit Humus versorgter Boden schützt auch vor Schnecken.

Allgemeines zur Erzeugung von gesunden Lebensmitteln

Ein Teil der im Humus enthaltenen Nährstoffe wird in eine pflanzenverfügbare Form gebracht (Nährhumus). Ein anderer Teil wird jedoch zu einer dauerhaften, schwer angreifbaren Form umgewandelt (Dauerhumus). Nährhumus ist schnell abbaubar, gilt daher als reiche Nahrungsquelle für Mikroorganismen im Boden und kann weitgehend mineralisiert werden. Gründüngung und Ernterückstände haben hohe Anteile leicht umsetzbarer organischer Substanz und dienen daher vorrangig als Nahrung für die unentbehrlichen Kleinlebewesen des Bodens (Bakterien, Springschwänze, Strahlenpilze, Algen, Asseln etc.), die aus ihm auch Nährstoffe für die Pflanzen (Stickstoff, Kohlensäure etc.) freisetzen.

HUMUS UND SEINE FUNKTIONEN

- Nährstoff und Lebensraum für zahlreiche Bakterienstämme
- Fördert die Entwicklung stickstoffbildender Bakterien und humusbildender Strahlenpilze
- Kann bis zum Zweieinhalbfachen seines Gewichtes an Wasser speichern
- Bedeutend für die Nährstoffmobilität
- Bewirkt Abschirmung gegen toxische Konzentrationen von Schadstoffen
- Fördert die CO_2-Bindung

HUMUSMANGEL UND SEINE FOLGEN

- Verlust der Bodenstruktur
- Schwinden des Wasserhaltevermögens
- Verminderung des Bodenlebens
- Hemmung des Gasaustausches im Boden
- Fortlaufende Zunahme des Schädlings- und Krankheitsbefalles der Pflanzen

Das wahre Gold der Menschheit ist eine gesunde lebendige Erde.

RECHTS
Richtige Pflanzenernährung schafft kräftige Pflanzen.

Düngung und Nährstoffaufnahme

Die zentrale Schaltstelle für die Nährstoffversorgung ist der Boden mit den in ihm lebenden Lebewesen, dem Humus, den mineralischen Bestandteilen und den Pflanzenwurzeln.

Während über die Blätter Kohlendioxyd, Sauerstoff und Wasser aufgenommen und im Zuge der Fotosynthese und Atmung zur Deckung des Energiehaushaltes genutzt werden, geht die Versorgung mit mineralischen Nährelementen über die Wurzeln vonstatten. Chlorophyllführende Pflanzen benötigen zum Stoffaufbau ca. 13 weitere Grundstoffe (Nährelemente). Dazu zählen Stickstoff (N), Phosphor (P), Kalium (K), Kalzium (Ca), Magnesium (Mg), Schwefel (S) sowie Spurenelemente wie z.B. Eisen, Kupfer, Zink etc.

Allgemeines zur Erzeugung von gesunden Lebensmitteln

Der Bedarf der Pflanzen an diesen Stoffen ist sehr unterschiedlich und ändert sich im Verlauf der Wachstumsperiode. In aktiven, fruchtbaren Gartenböden treten Nährstoffmangelerscheinungen höchst selten auf. Eine notwendige Ergänzung sollte durch organische Dünger erfolgen. Als organische Dünger eignen sich ordentlich erzeugter Kompost sowie gut verrotteter Stallmist. Aber auch andere organische Dünger wie z.B. Kürbiskernkuchen, Schafwollpellets, Hornspäne, Rapsschrot, Malzkeimpellets, Sonnenblumenschrot und Ackerbohnenschrot sind für den Garten gut geeignet. Leicht lösliche, anorganische Dünger sind im Hausgarten nicht zu empfehlen.

Der pH-Wert beeinflusst maßgeblich die Eigenschaften des Bodens. Ein mit organischen Düngern (z.B. Kompost, Gründüngung) versorgter Boden liegt normalerweise im neutralen Bereich (ca. 6,7 bis 7,2 pH-Wert). Ein solcher ist für die meisten Gemüsepflanzen optimal. Sollten größere Probleme im Garten für die Pflanzen auftreten, ist eine entsprechende Bodenuntersuchung sinnvoll.

Die Gesamtlänge des Wurzelsystems einer Pflanze kann mehrere Kilometer betragen (z.B. ca. 25 km beim Kürbis oder über 80 km beim Roggen). Ermöglicht wird dies durch Millionen winziger Wurzelhaare. Die Zellwände dieser Wurzelhaare sind äußerst durchlässig für Wasser und darin gelöste Nährstoffe.

Die Nachteile der anorganischen Nährstoffform

Mineraldünger sollten besser als anorganische Handelsdünger bezeichnet werden, weil z.B. der Stickstoffdünger nicht mineralisch, sondern industriell gewonnen wird.

Das Ziel der anorganischen Düngung besteht darin, dass die Dünger eine möglichst unmittelbare Pflanzenverfügbarkeit haben. So werden die Nährstoffe Stickstoff (N), Phosphor (P) und Kali (K) in direkter, wasserlöslicher Salzform den Pflanzenwurzeln zugeführt und von diesen ausschließlich in Form von Ionen aufgenommen. Man kann dies eine kurzgeschlossene Düngung nennen. Sie ist nicht bodenkonform, denn der Boden spielt dabei eine untergeordnete oder gar keine Rolle mehr (Hydrokultur). Wir füttern die Pflanzen und nicht den Boden und seine Lebewesen, wie es sein sollte. Es entstehen unerwünschte Stoßwirkungen und Zwangsaufnahmen. Insbesondere leicht lösliche Stickstoffgaben führen zu einem übereilten Wachstum der Pflanzen, dadurch können die Pflanzenzellen nicht genügend Kieselsäure und Kalzium aufnehmen. Das führt zu weniger stabilen Zellwänden. Deshalb fehlt es den Pflanzen an Festigkeit und Widerstandskraft gegen äußere Einflüsse (z.B. Schadinsekten, Pilze). Die Zufuhr leicht löslicher Düngersalze ist stets mit dem Risiko einer einseitigen und damit unharmonischen Ernährung behaftet. Außerdem führt leicht löslicher Stickstoffdünger zu Humusabbau.

Von dem in mineralischer Form (Handelsdünger, richtig Kunstdünger) zugeführten Stickstoff wird nur ein Teil von den Pflanzen aufgenommen. Beim Getreide etwa 50%, beim Mais 10–20%. Der Rest wird ausgewaschen, wandert also in das Grundwasser oder entweicht in gasförmigem Zustand in die Luft und belastet diese mit Stickoxyden negativ (Dr. Eisenhut Bodenfibel). Pro Tonne produzierten NH_3 werden zwei Tonnen klimaschädliches Kohlendioxid freigesetzt *(Wissenschaftliche Dienste WD 8-3000-088/18)*.

Die Vorteile der organischen Nährstoffform

Im Gegensatz zur kurzgeschlossenen mineralischen Düngung ist die organische Nährstoffzufuhr im Boden weder wasserlöslich noch leicht aufnehmbar für die Pflanzen. Die Nährstoffaufnahme wird nicht als biochemischer Vorgang zwischen Bodenlösung und Wurzelkörper betrachtet, sondern als lebendige Tätigkeit, als gesteuerte Aktivität zwischen Boden und Pflanze. Dabei wird klar, dass die Hauptrolle bei dieser Aktivität das Bodenleben spielen muss.

Allgemeines zur Erzeugung von gesunden Lebensmitteln

In der ökologischen Düngerpraxis wird davon ausgegangen, dass zwischen Pflanze und Boden eine lebendige Zusammenarbeit stattfindet – und kein Kampf, wie es häufig in der konventionellen Düngerlehre dargestellt wird.

Durch die Düngung in organischer Form kommt das Nährstoff-Auswahlvermögen der Pflanze optimal zur Entfaltung. Die Mineralisierung verläuft nach Wahl der Pflanze. Die Nährstoffaufnahme erfolgt nicht mehr durch Ionen, sondern zusätzlich organisch in Form von Molekülen. Zwischen Pflanze und Bodenleben besteht demnach also ein ständiges Geben und Nehmen, das im Wurzelbereich stattfindet. Die organische Nährstoffform im Boden steht den Wurzeln lang anhaltend nach Bedarf der Pflanzen zur Verfügung. Es kommt zu keiner »Zwangsbeglückung« mit nicht gewollten Nährstoffmengen, da das eigene Auswahlvermögen der Pflanzen auch über die Menge der aufgenommenen Nährstoffe entscheidet. Die Pflanzen sind dadurch gesünder und widerstandsfähiger.

Kompost

Kompost ist Frischzellenkur für den Gartenboden! Die positiven Wirkungen der Kompostierung bzw. Kompostanwendung werden seit alters her geschätzt. Pflanze und Boden werden mit Humus und Nährstoffen versorgt, die Bodenfruchtbarkeit wird gesteigert und die Ertragssicherheit damit erhöht. Zur Erreichung von guter Krümelstruktur und kräftigen, gesunden Pflanzen ist die Zufuhr von gutem Kompost unerlässlich. Kompost darf jedoch nur sehr flach eingearbeitet werden.

Durch Kompost wird besonders der Vitamin-C-Gehalt positiv beeinflusst. Bei Ölkürbissen wurde in Versuchen auch ein 1–7 % höherer Ölgehalt festgestellt.

Allgemeines zur Erzeugung von gesunden Lebensmitteln

Oft hört man, dass durch den Kompostplatz Schnecken angelockt werden. Sie legen im Kompost ihre Eier, aus denen in der Folge Jungtiere schlüpfen, die über den Kompost wiederum in die Gärten gelangen. Es stimmt schon, dass durch absterbendes, faulendes Material die Schnecken extrem angezogen werden, aber es hat den Vorteil, dass man an diesen Stellen die Tiere gezielt einsammeln kann. Die minimale Gefahr der Verbreitung von Schnecken durch den Kompost steht jedoch in keiner Relation zu den äußerst positiven Eigenschaften des Kompostes für die Gesundheit unserer Gärten und Gemüsepflanzen.

Auf einem ordentlich bewirtschafteten Kompostplatz entsteht keine Fäulnis, sondern ein Rotteprozess; diesen suchen die Schnecken aber nicht auf. Um hochwertige Komposte zu erzeugen, müssen alle Maßnahmen darauf ausgerichtet sein, Rotte zu fördern und Fäulnis zu verhindern. Rotte ist an das Vorhandensein von genügend Sauerstoff gebunden, welchen die Mikroorganismen für ihre wertvolle Tätigkeit benötigen. Fäulnis entsteht durch Sauerstoffmangel, feststellbar an der Bildung übelriechender Stoffwechselprodukte, z.B. Methan und Ammoniak. Es sollte daher vorrangiges Ziel eines jeden Gärtners sein, den anfallenden Abfall durch ordentliche Kompostierung in wertvollen Humus für den eigenen Garten zu veredeln. Wie heißt es so schön:
Kompost ist die Sparkasse für den Gärtner und den Landwirt.

Guter Kompost ist ein unerlässlicher Beitrag für gesunde Pflanzen durch gesunden Boden. Der Komposthaufen ist der Jungbrunnen des Gartens. Es lassen sich Gemüse- und Obstreste, Laub, Zweige und Rasenschnitt in fruchtbare Humuserde umwandeln, aus der neues Leben entsteht. Als »Eigenkompostierer« kann man auf die Biotonne verzichten. Dies ist auch gut so, denn so weiß man, woher der im Garten verwendete Dünger kommt. Nicht so verhält es sich bei Zukaufdüngern und Substraten (z.B. problematische Schwermetallgehalte).

KOMPOST

Allgemeines zur Erzeugung von gesunden Lebensmitteln

RECHTS
Verschiedene Kompostiermöglichkeiten.

Auf dem Markt gibt es vielerlei verschiedene Komposter, die in den Prospekten mit ihren »Vorzügen« illustriert beschrieben werden. Die Stiftung Warentest nahm neun dieser Geräte unter die Lupe. Das ernüchternde Ergebnis des Tests: Wer nur unproblematische Garten- und Küchenabfälle kompostiert, für den reicht der einfache Holzlattenkomposter vollkommen aus.

Im Allgemeinen gelten ältere, verholzte Stoffe als kohlenstoffreicher und frische, grüne Pflanzenteile als stickstoffreicher. Manche Gartenabfälle, wie Laub und schwach verholzte Stängel von Stauden, kann man auch mit dem Rasenmäher zerkleinern. Für sperrige, verholzte Pflanzenreste ist ein Häcksler empfehlenswert. Die Zerkleinerung von groben Pflanzenteilen erleichtert nicht nur die Durchmischung, sondern vergrößert auch die Angriffsflächen für die Mikroorganismen, wodurch der Rottevorgang beschleunigt wird. Spezielle Kompostzusätze zur Förderung der

KOMPOST
Allgemeines zur Erzeugung von gesunden Lebensmitteln

OBEN
Der Rosenkäfer gehört zur Familie der Blatthornkäfer.

UNTEN
Larve des Rosenkäfers.

Allgemeines zur Erzeugung von gesunden Lebensmitteln

Verrottung werden zwar immer angeboten, eine Notwendigkeit ist bei ordentlicher Kompostierung nur selten gegeben. Grundsätzlich gilt: Zusatzstoffe an sich können das Gelingen des Kompostes nicht garantieren bzw. grobe Fehler, die bei der Kompostierung gemacht werden, nicht beheben. Ein wenig Erde oder Steinmehl bzw. Kompostsiebmaterial als Zuschlagstoff ist jedoch sinnvoll.

Übrigens: Wenn beim Umsetzen des Kompostes plötzlich bis ca. 4 cm große weiße Engerlinge mit gräulicher Schattierung auftauchen, handelt es sich um die Larven des Rosenkäfers. Sie leben ausschließlich von totem, organischem Material und liefern dadurch wertvolle Humusdauerformen. Der Rosenkäfer selbst ist blaugrau schillernd, 2–2,5 cm groß und ernährt sich überwiegend vom Nektar zahlreicher Gartenpflanzen z.B. Rosen, Holunder und ist unschädlich.

Die Maikäfer-Engerlinge und Junikäfer-Engerlinge sind gefürchtete Wurzelschädlinge. Sie verursachen durch Larvenfraß teilweise große Schäden an den Wurzeln wachsender Pflanzen. Diese Larven leben mehrere Jahre im Boden, da die Entwicklung zum Käfer so lange dauert. Die erwachsenen Käfer sind leicht zu unterscheiden. Wie können Sie jedoch die Engerlinge unterscheiden? Am einfachsten durch ihre Fortbewegungsart. Dazu benötigen Sie eine ebene Unterlage. Maikäfer-Engerlinge bewegen sich gekrümmt und in Seitenlage, Junikäfer-Engerlinge kriechen auf dem Bauch und Rosenkäfer-Engerlinge drehen sich am Rücken und kriechen in gestreckter Haltung davon.

»Kompost ist der Kunstgriff der Natur, aus Totem Lebendiges entstehen zu lassen.«
JOHANN WOLFGANG VON GOETHE

KOMPOST

Allgemeines zur Erzeugung von gesunden Lebensmitteln

LINKS
Fertigen Kompost soll man durchsieben, die Siebreste sind eine wertvolle Starthilfe für den neuen Kompost.

VORTEILE DER KOMPOSTANWENDUNG

Hohes Wasserhaltevermögen

Erhaltung einer stabilen Bodenstruktur

Förderung und Anregung des Bodenlebens

Bessere Durchlüftung im Boden

Anregung des Stoffumsatzes im Boden

Ausgeglichener Humusbestand und dauerhafte Bodenfruchtbarkeit

Rasche Erwärmung des Bodens im Frühjahr durch die dunkle Färbung

Neutralisierende Wirkung auf saurem Boden

Förderung der allgemeinen Bodengesundheit

Nährstoffspeicher (langsam fließende Nährstoffquelle für die Kulturpflanze und dadurch optimale Unterstützung einer gesunden Pflanzenentwicklung)

Allgemeines zur Erzeugung von gesunden Lebensmitteln

ACHT GRUNDREGELN
FÜR ERFOLGREICHE KOMPOSTIERUNG IM HAUSGARTEN

1. Standort für den Kompost
Halbschattige, windgeschützte Standorte bevorzugen. Der Untergrund sollte wasserdurchlässig sein. Den Kompostplatz so anlegen, dass er zu jeder Jahreszeit gut erreichbar ist.

2. Zusammensetzung der organischen Abfälle (Kohlenstoff (C)/Stickstoff (N)-Verhältnis)
Je vielseitiger die Mischung, desto besser. Grundsätzlich sind alle pflanzlichen und tierischen Stoffe kompostierbar. Das Mischen der Abfälle ist eine wesentliche Voraussetzung für einen problemlosen Rotteprozess.

3. Hygiene
Kranke Pflanzenteile, Unkrautsamen gehören in die Mitte, dort wird das Kompostmaterial am wärmsten. Kohleaschen sind nicht geeignet, Holzasche sollte nur untergeordnet eingemischt werden.

4. Durchlüftung des Komposts
Es muss genügend Sauerstoff vorhanden sein. Strukturmaterial beachten! Öfteres Umsetzen des Kompostmaterials sehr sinnvoll. Achten Sie auf gute Durchmischung aller Materialien!

5. Temperaturverlauf im Kompost
Die Temperatur soll in den ersten Wochen 50 °C bis 60 °C betragen. Messungen machen! Bei niedrigen Außentemperaturen sowie kleinen Mieten ist die gewünschte Temperatur nicht immer erzielbar.

6. Feuchtigkeit im Kompost
Der Komposthaufen darf nie austrocknen, aber auch nicht »ertrinken«. Faustprobe * machen. Auf ausgeglichene Feuchtigkeit achten. Falls zu trocken, bewässern, eventuell frisches, feuchtes Material (Rasenschnitt) zusetzen. Wenn zu nass, trockenes, sperriges Material (Strauchhäcksel, Stroh) einmischen.

7. Dunkelheit
Das Kompostleben entwickelt sich am besten in Komposten, die vor zu starker Sonneneinstrahlung und Nässe geschützt sind. Vliesabdeckung! Abdeckung muss immer luftdurchlässig sein.

8. Verwendbarkeit
Ordentlich erzeugte Komposte sind nach zwei bis sechs Monaten fertig. Sie riechen nach guter Walderde. Bei Pflanzenanzucht Kompost immer mit anderen Materialien (z.B. Erde, Sand) verdünnen.

---

*FAUSTPROBE
Sie ist gut geeignet, um den Zustand des Komposts zu überprüfen. Man nimmt eine Hand voll aus der Mitte der Miete in die Hand und schließt diese fest und öffnet sie anschließend wieder.

→ Wenn der Kompostballen beim Öffnen der Hand nicht zerfällt, ist die Feuchtigkeit ideal.

→ Tritt beim Pressen des Komposts Wasser aus, ist er deutlich zu feucht.

→ Fällt der handgepresste Kompost sofort wieder auseinander, ist er zu trocken.

KOMPOST
Allgemeines zur Erzeugung von gesunden Lebensmitteln

LINKS
Guter Kompost riecht nach frischer Walderde.

Holzasche

Holzasche ist weder für den Kompost noch als Dünger im Gemüsegarten geeignet. Sie ist leider nicht nur reich an wertvollen Mineralstoffen, sondern auch an gefährlichen Schwermetallen. Holzasche gehört zu den ältesten mineralischen Düngern. Es war richtig, die Holzasche als Nährstofflieferant in den Kreislauf der Natur einzubauen. Dies entspricht auch dem modernen Verständnis von ökologischen Kreisläufen. Die Holzasche liefert wertvolle Mineralstoffe wie Kalzium, Kalium, Phosphor und Magnesium, aber auch Schwermetalle (z.B. Cadmium). Letztere sind für Boden und Menschen nicht ungefährlich. Bäume und Sträucher nehmen die giftigen Schwermetalle im Laufe ihres Lebens aus dem Boden und aus der Luft auf. Die Hauptablagerung von Schwermetallen findet in der Rinde statt. Nach dem Verbrennungsvorgang von Holz bleiben ca. 1 bis 2% an Asche übrig, in welcher die ungeliebten Schwermetalle vorhanden sind.

Allgemeines zur Erzeugung von gesunden Lebensmitteln

Viele Forschungsergebnisse bestätigen heute die Empfehlung, Holzasche nicht im Gemüsegarten einzusetzen. Ansonsten besteht die große Gefahr, dass die schädlichen Stoffe in die Nahrungskette gelangen. Es ist daher durchaus sinnvoll, auf den Einsatz der Asche in Zukunft im Gemüsegarten zu verzichten.

Deutsche Wissenschafter empfehlen daher, maximal 40 Gramm Asche aus unbehandeltem Holz je Quadratmeter Gartenboden. Als Kompostzugabe höchstens 5 bis 7 Liter Asche pro Kubikmeter organisches Material.

Ist der Kompost fertig, sollte man ihn nochmals sieben. So werden grobe, unverrottete Bestandteile abgetrennt. Das Siebgut ist als »Impfstoff« für den neuen Kompost bestens geeignet.

Nährstoff-Ansprüche

In Bezug auf den Nährstoffbedarf unterscheidet man zwischen Starkzehrern, Mittelzehrern und Schwachzehrern.

STARKZEHRER
Chili, Endivien, Gurken, Kohlarten, Kürbis, Lauch, Melanzani, Porree, Rhabarber, Sellerie, Tomaten, Wirsing, Zucchini, Zuckermais

MITTELZEHRER
Erdbeeren, Fenchel, Kartoffeln, Knoblauch, Kohlrabi, Kopfsalat, Mangold, Melonen, Möhren, Paprika, Rettich, Rote Rüben, Schnittlauch, Schwarzwurzeln, Spargel, Spinat, Stangenbohne, Wurzelpetersilie, Zuckerhut, Zwiebeln

SCHWACHZEHRER
Basilikum, Bohnenkraut, Borretsch, Buschbohnen, Dill, Erbsen, Feldsalat, Kresse, Liebstöckel, Petersilie, Radieschen, Rosmarin, Rucola, Thymian

Allgemeines zur Erzeugung von gesunden Lebensmitteln

Komposteinsatz im Garten

Eine Kompostanwendung fördert die induzierte Resistenz der Pflanzen (Immunreaktion von Pflanzen gegenüber Krankheitserregern). Im Gegensatz zur Anbringung von Kompost sind Kompostextrakte und Komposttees nur kurzfristig wirksam. Die Düngergaben sind so zu bemessen, dass sie auf die individuellen Ansprüche unserer Kulturpflanzen Rücksicht nehmen. Der Grundsatz »Viel hilft viel« gilt nicht bei der Kompostanwendung, deswegen sollten Sie in fast allen Bereichen nur einmal pro Jahr Kompost aufbringen. Kompost wird breitflächig aufgebracht und leicht in den Boden eingearbeitet.

KULTURART	GARTENKOMPOST
Starkzehrer	3–5 kg/m² (8–12 l/m²)
Mittelzehrer	2–3 kg/m² (5–7 l/m²)
Schwachzehrer	1–2 kg/m² (3–5 l/m²)
Obstbäume	2–3 kg/m² (5–7 l/m²)
Blumenbeete	1–2 kg/m² (3–5 l/m²)
Rasen	1–2 kg/m² (3–5 l/m²)

Kompost ist bestens geeignet als Blumenerde und damit als Torfersatz. Optimale Qualität ist dafür jedoch Voraussetzung. Beim Torfabbau werden einzigartige Moorgebiete, deren Entstehung Hunderte von Jahren gedauert hat, als Lebensraum seltener Pflanzen und Tiere zerstört. Ein Verzicht auf Torf ist deshalb ein wertvoller Beitrag zum Naturschutz.

Wenn man Kompost für Spezialgebiete einsetzt, ist es unerlässlich, vorher einen Kressetest durchzuführen. Mit dem Kressetest kann man selbst die Kompostreife bestimmen. Kresse reagiert besonders empfindlich, wenn im Kompost noch Abbauprozesse laufen.

Vor der Verwendung von Komposten ist ein kurzer Test über die Qualität sehr vorteilhaft.

Allgemeines zur Erzeugung von gesunden Lebensmitteln

EINFACHER REIFETEST

a) Man nimmt eine flache Schale und befüllt diese mit Kompost, dieser wird dann angefeuchtet.

b) Auf dieses Substrat gibt man Kressesamen und drückt diese leicht an. Zur Beschleunigung des Keimvorganges überzieht man die Schale mit einer transparenten Folie und stellt sie an einen hellen, warmen Standort.

c) Kressesamen keimen sehr rasch und wenn nach 3 bis 6 Tagen die meisten Samen aufgegangen sind, kann man die Qualität des Komposts beurteilen. Sind die Kressepflanzen saftig grün und die Wurzeln sehr hell, hat Ihr Kompost eine sehr gute Qualität und ist überall einsetzbar. Bräunliche Pflanzenwurzeln und gelbe oder gar braune Blätter zeigen eine minderwertige Qualität an. Diesen Kompost sollten Sie keinesfalls für die Anzucht verwenden und nur sparsam im Garten einsetzen.

RECHTS
Gelungener Kressetest.

KOMPOST

Allgemeines zur Erzeugung von gesunden Lebensmitteln

Für die Anzucht von Jungpflanzen, für Balkonkästen sowie zum Umtopfen von Kübel- und Zimmerpflanzen verwendet man durchgesiebten, reifen Kompost, welchen man mit Sand, Lehm oder in Ausnahmefällen mit Torf vermischt.

LINKS
Jungpflanzen zeigen wunderschöne Wurzelentwicklung in einem guten Anzuchtsubstrat.

MÖGLICHE MISCHUNGEN ALS SAAT- UND PIKIERERDEN/PFLANZERDEN:

A) 5 Teile Gartenerde
   2 Teile Kompost
   1 Teil Sand

B) 3 Teile Gartenerde
   1 Teil Kompost
   1 Teil Sand (kann durch Gesteinsmehl ersetzt werden)

C) 4 Teile Gartenerde
   2 Teile Kompost
   2 Teile Sand (kleine Menge Gesteinsmehl soll hinzugefügt werden)
   Diese Mischung ist besonders geeignet bei stark lehmiger Erde.

Terra Preta

Was ist dran am »Gold Amazoniens« und was fängt ein Gärtner oder Landwirt bei uns damit an? Das Geheimnis von Terra Preta ist Holzkohle. Terra Preta do Indio (Indianerschwarzerde) hat einen nährstoffarmen Regenwaldboden zu den fruchtbarsten Böden der Welt verwandelt und damit die im Amazonasgebiet lebenden Indianer ernährt.

Diese einige Tausend Jahre alten und bis zu zwei Meter dicken schwarzen Erdschichten sind eine Ansammlung von organischen Abfällen. Hauptverantwortlich für die Entstehung der Indianerschwarzerde ist die Pflanzenkohle. In der Pflanzenkohle siedeln sich Milliarden von Mikroorganismen an. Da Pflanzenkohle einem langsamen mikrobiellen Abbau unterliegt, bleibt sie mehr oder weniger dauerhaft im Boden.

Seit einigen Jahren werden in Deutschland, Schweiz und Österreich intensive Forschungen bezüglich Bodenverbesserung durch Terra Preta betrieben.

Was in den Gebieten Amazoniens mehrere Tausend Jahre benötigte, wird bei uns durch ein neues Verfahren – die Pyrolyse – in wenigen Stunden erledigt. Wird Biomasse z.B. Holz, Stroh, Grasschnitt, Essensreste, Gärreste unter Sauerstoffabschluss auf 400° Celsius erhitzt, entsteht Pflanzenkohle (Biokohle[1]), die der Grillkohle entspricht.

Pflanzenkohle als Bodenverbesserer: Eine alleinige Ausbringung der Pflanzenkohle auf Böden ist sinnlos; vielmehr ist die Herstellung einer Pflanzenkohle-Kompost-Mischung notwendig, um erfolgreich zu sein.

[1] Führende Forscher sprechen nicht von »Biokohle«, sondern von »Pflanzenkohle«. Dadurch ist nun ein korrekter Begriff entstanden, denn Pflanzenkohle entsteht aus Pflanzen.

TERRA PRETA
Allgemeines zur Erzeugung
von gesunden Lebensmitteln

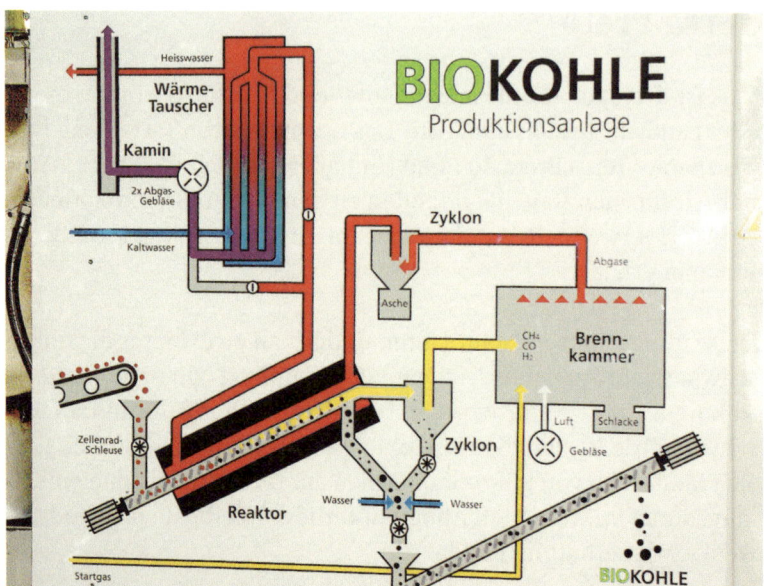

OBEN
Schema einer Pyrolysestation.

UNTEN
Fertige Pflanzenkohle.

Allgemeines zur Erzeugung von gesunden Lebensmitteln

Wissenschaftliche Untersuchungen konnten Vorteile für die Bodenstruktur von Ackerböden feststellen. Es gibt bereits großflächige Versuche im Wein-, Obst-, Garten- und Feldbau. Durch den Einsatz von Pflanzenkohle-Kompost-Gemisch kommt es zu einer Anreicherung der Mykorrhiza-Pilze. Diese Pilze leben in enger Symbiose mit den Pflanzenwurzeln und ergänzen sich gegenseitig äußert positiv zum Wohle der Pflanzenentwicklung. In einem konventionell bewirtschafteten Boden gibt es diese Abläufe nicht. Langfristige Auswirkungen sind noch unklar.

Noch rechnet sich die Technik nicht. Momentan können die Bauern mehr Geld verdienen, wenn sie die Erntereste komplett in Biogas verwandeln und anderwertig verwerten. Derzeit ist es klüger, traditionelle Methoden zur Verbesserung der Bodenfruchtbarkeit einzusetzen bis geeignete positive Forschungsergebnisse vorliegen. Bisherige Ergebnisse: Das Delinat-Institut (Schweiz) koordinierte in den letzten beiden Jahren mit mehr als 200 Kleingärtnern Versuche mit Pflanzenkohle-Kompost. Es wurden dabei Erntemenge und qualitätsrelevante Eigenschaften erhoben. Die Ergebnisse waren gemischt: So fielen die Erntedifferenzen der Pflanzenkohle-Kompost-Variante im Vergleich zur Kontrolle in 31 % der Fälle negativ aus, in 24 % der Fälle waren sie neutral und in 45 % der Fälle konnte eine positive Erntedifferenz festgestellt werden.

Auch im Weinbau lassen sich aus den Versuchen nicht allgemein gültige Ergebnisse ablesen. In Bezug auf verschiedene Qualitätsparameter sind positive Entwicklungen erkennbar, besonders der Zuckergehalt zeigt einen Anstieg gegenüber den Kontrollflächen. Um praxisgerechte Empfehlungen geben zu können, ist es derzeit noch zu früh.

TERRA PRETA

Allgemeines zur Erzeugung von gesunden Lebensmitteln

»Wo viel Licht, da ist auch viel Schatten«

Prinzipiell sind alle Bemühungen, die auf natürliche Weise den Humusgehalt in unseren Böden erhöhen, zu begrüßen. Mit Skepsis zu betrachten ist jedoch die Entwicklung, dass in Pyrolysestationen nicht nur ungefährliche Biomasse verarbeitet wird, sondern auch Klär- und Papierschlämme. Letztere gehören aufgrund ihrer gefährlichen Reststoffe nicht in unsere Böden. Trotzdem darf sich auch aus Klär- und Papierschlämmen hergestellte Kohle ein grünes Mäntelchen umhängen und sich Biokohle nennen – obwohl sie alles andere als »bio« ist.

Die Verwandlung von Klär- und Papierschlämmen in »Biokohle« ist nicht nur einfach, sondern auch lukrativ. Das Argument, dass sich in diesen Schlämmen auch Nährstoffe befinden, berechtigt diese Vorgehensweise nicht. Es stimmt auch nicht, dass sich die Schadstoffe durch die hohe Temperatur bei der Erzeugung in »Luft« auflösen. Seien Sie deshalb beim Kauf von Biokohle kritisch und erkundigen Sie sich, aus welchen Grundsubstanzen diese Kohle hergestellt wurde.

Versuchsergebnisse mit Pflanzenkohle oder Terra Preta im Gemüse- und Ackerbau zu einer reinen Kompostvariante zeigten keine Vorteile. Dies trifft auf Effekte wie Ertragshöhe, Pflanzenqualität, Schädlingsbefall, Verunkrautung oder Wasserspeicherung zu (ÖKOmenischer Gärtnerrundbrief Nr. 04-2019).

Falls Sie jedoch solche Produkte kaufen, achten Sie darauf, dass auch die entsprechenden aktuellen Zertifikate vorhanden sind.

Gründüngung

Gründüngung stellt eine wertvolle Bodenverbesserung mithilfe von Pflanzen dar. Statt brachzuliegen, sollte jede freie Fläche mit Gründüngungspflanzen eingesät werden.

Gründüngungspflanzen helfen dem Boden, sich zu regenerieren. Die Wurzeln lockern und lüften den Boden und reichern diesen mit organischer Masse an. Der Boden wird dadurch beschattet, bei Niederschlägen nicht verschlämmt und letztlich ist auch die Bodenbearbeitung leichter. Mit einer Gründüngung im engeren Sinne ist das Einbringen eines Pflanzenbestandes gemeint, der eigens hiefür ausgesät wurde und nicht geerntet wird. Dem Boden wird durch Gründüngung wertvolle organische Masse zugeführt, und die Bodenorganismen werden in ihrer Tätigkeit angeregt. Es entsteht Humus, der Nährstoffe an sich bindet und so vor Auswaschung schützt. Die Wasserversorgung der Böden wird ebenfalls verbessert.

Einige Pflanzen sind in der Lage, Stickstoff aus der Luft zu binden und den Boden damit zu bereichern (Leguminosen, z.B. Klee). Gründüngungspflanzen können auch hartnäckige Bodenkrankheiten und -schädlinge bekämpfen (z.B. Tagetes gegen Nematoden).

Jahreszeit

Alle Gründüngungspflanzen können während der Vegetationszeit bis Oktober ausgesät werden. Die nicht winterharten Pflanzen erfrieren beim ersten Frost und bleiben als schützende Bodendecke den Winter über liegen.

ENTSCHEIDEND FÜR DIE RICHTIGE AUSWAHL SIND:

- Bodenart
- Pflanzenentwicklungszeit
- Familienzugehörigkeit (z.B. Kreuzblütler oder Leguminosen)

GÄRTNERSPRUCH
Der Boden soll nie den Himmel sehen!

GRÜNDÜNGUNG
Allgemeines zur Erzeugung von gesunden Lebensmitteln

LINKS
Ein normaler Regentropfen mit einem Durchmesser von 2–3 mm hat eine Aufprallgeschwindigkeit von 23 km/h, mit 6 mm bis 32 km/h. Der Boden soll daher ständig durch Bewuchs oder Mulch bedeckt sein, um Bodenverschlämmung zu verhindern.

Unter diesem Gesichtspunkt ist die Auswahl der Gründüngungspflanzen in Fruchtfolge und Mischkultur zu beachten:

Senf und Raps sollten im Gemüsegarten nicht zum Anbau gelangen. Diese Pflanzen sind mit allen Kohlarten sowie Rettich und Radieschen verwandt. Ein nachfolgender Anbau sollte aufgrund der Anhäufung gleicher Pilzkrankheiten (z.B. Kohlhernie) und Schädlingen vermieden werden. Leguminosen sind am wirksamsten in einer Mischung. Winterleguminosen (Winterwicken) können mit Gras- oder Getreidearten gemischt werden.

Leguminosen dürfen jedoch nicht im Herbst eingearbeitet werden, da so die Gefahr von Stickstoffverlagerungen in den Unterboden besteht.

Es ist darauf zu achten, dass auch bei den Schmetterlingsblütlern Unverträglichkeiten bestehen. So soll man z.B. Lupinen, Wicken oder Seradella nicht als Gründüngungspflanzen auf Flächen verwenden, auf welchen in der nächsten Kulturperiode Bohnen oder Erbsen wachsen sollen.

GRÜNDÜNGUNG

45 Allgemeines zur Erzeugung von gesunden Lebensmitteln

RECHTS
Buchweizen als
Begrünung ist
auch eine ideale
»Insektenweide«.

Unter dem Gesichtspunkt einer gesunden Fruchtfolge im Gemüsegarten empfiehlt sich ganz besonders die Aussaat von Phazelia. Die blau blühende, wunderbar duftende Bienenfutterpflanze ist mit keiner Art der Gartenpflanzen verwandt. Sie gedeiht auf allen Böden mit Ausnahme von besonders sauren Böden.

GRÜNDÜNGUNG
Allgemeines zur Erzeugung von gesunden Lebensmitteln

46

OBEN
Begrünung mit Leguminosen.

UNTEN
Leguminosen sind wertvolle Stickstoffsammler.

Allgemeines zur Erzeugung von gesunden Lebensmitteln

Als Gründüngung kommen auch Winterroggen (winterfest) und Hafer (auswinternd) in Betracht. Aber auch Buchweizen ist auf leichten, sandigen Böden als Bienenweide sehr gut geeignet. Will man eine ganzjährige Gründüngung, eignen sich Inkarnatklee und Luzerne ausgezeichnet. Die Grünmasse muss vor der Einarbeitung einige Tage antrocknen, bevor sie seicht eingemischt werden kann. Das ist besonders wichtig, weil frische Grünmasse unter Luftabschluss im Boden fault und es zu einer Sperre für Wasser und Luft im Boden kommen kann. Auf schneckengefährdeten Flächen sollen eher abfrostende Gründüngungspflanzen, beispielsweise Phazelia, angebaut werden. Dadurch fällt eine nachhaltige Schutzfunktion für die Tiere weg.

Egal wie groß ein Garten ist – jedes Beet sollte mit einem »grünen Mantel« in den Winter gehen!

RECHTS
Im Begrünungsbestand fühlen sich Brokkoli- und Sprossenkohlpflanzen pudelwohl.

Allgemeines zur Erzeugung von gesunden Lebensmitteln

MÖGLICHE GRÜNDÜNGUNGSPFLANZEN FÜR DEN GARTEN

Pflanzenart	Saatzeit	Saatgutmenge (kg/100 m^2)
Leguminosen		
Sommerwicke	April	1,5
Winterwicke	September	1,5
Ackerbohnen	Ende Februar	1,6–2,3
Lupinen, gelb, weiß	April–Juli	1,6–2,0
Landsberger/Gemenge	Frühjahr oder ab Herbst	
Alexandriner-Perserklee	April–Juli	0,5
Weißklee	ab März	0,10–0,12
Esparsette	März–Mai	1,20–1,80
Nicht-Leguminosen		
Phazelia	März–September	0,15
Buchweizen	Mai–August	1,0
Winterroggen	September–Oktober	1,2–1,8
Gelbsenf (Weißer Senf)	August–September	0,18–2,0
Ölrettich	August–September	0,18–2,0

Allgemeines zur Erzeugung von gesunden Lebensmitteln

Saattiefe (cm)	Frosthärte	Bemerkungen
4–6	nein	Nicht geeignet für saure Böden.
4–6	ja	Auch im Gemenge mit Hafer sehr gut geeignet.
5–8	nein	Für schwere Böden vorteilhaft.
3–5	nein	Gelbe Lupine auch für saure Böden geeignet.
2–3	ja	Eignet sich für alle Böden.
1–2	nein	Grünmasse für Kompostierung und Mulchung geeignet.
1–2	ja	Für alle Böden geeignet.
2–3	ja	Warmer, trockener Standort vorteilhaft. Optimaler pH-Wert 7,0.
1–2	nein	Bienenweide, für alle Böden gut geeignet.
2–4	nein	Insektenweide, auch für saure Böden bestens anwendbar.
3–6	ja	Vorteilhaft für besonders schwache Böden.
1–2	nein	Geeignet für alle Böden.
2–3	nein	Besonders geeignet für verdichtete Böden.

Allgemeines zur Erzeugung von gesunden Lebensmitteln

Mulchen

Die Mulchschicht bietet den vielen Kleintieren und Bodenorganismen idealen Schutz durch gleichbleibendes Klima sowie reichlich Nahrung. Der wesentliche Vorteil von Mulch besteht vorrangig im Bodenschutz und in der Verbesserung der Bodenstruktur in Form von Humusaufbau durch das langsam verrottende Mulchmaterial. Das Abdecken des Bodens mit organischem Material hat eine jahrhundertalte Tradition und lässt sich bis in die Klostergärten des 8. Jahrhunderts zurückverfolgen.

Mulch stellt die warme Decke für die Erde dar und verhindert rasche Verdunstung von Niederschlägen. In schneckengefährdeten Gebieten kann sich diese Bodenbewirtschaftung jedoch günstig auf die Lebensbedingungen der Schnecken auswirken. Es ist daher immer darauf zu achten, dass kein frisches Material zur Bodenabdeckung verwendet wird. Durch die Aufschüttung entsteht ein Fäulnisprozess der gerade absterbenden Pflanzen. Die Schnecken bevorzugen absterbende und fäulnisbildende Pflanzen. Durch ihre bestens ausgebildeten Geruchsorgane spüren sie solche Plätze auf. Trotzdem erscheint es nicht notwendig, auf die Mulchung zu verzichten. Man muss nur darauf achten, dass das verwendete Material gut getrocknet ist. Bevor eine Mulchschicht aufgetragen wird, sollte der Boden gelockert und feucht sein.

Wie hoch soll die Mulchdecke sein? Als Richtwert kann man fünf Zentimeter veranschlagen. Lockeres, strukturreiches, luftdurchlässiges Material kann durchaus bis zu zehn Zentimeter hoch aufgetragen werden. Als weiterer Hinweis gilt, dass leichte Sandböden eine höhere Mulchschicht als schwere Lehmböden vertragen.
 Je feuchter das Klima in der betreffenden Region ist, desto geringer soll auch die Mulchdecke sein und umgekehrt. Die Mulchschicht nach Bedarf wieder erneuern. Immer darauf achten, dass durch das Mulchmaterial weder Saatrillen noch Setzlinge abgedeckt werden.

Allgemeines zur Erzeugung von gesunden Lebensmitteln

OBEN
Pflanzen sind für eine Mulchung sehr dankbar.

UNTEN
Unter Mulch bleibt der Boden krümelig und feucht. Ohne Mulchung trocknet der Boden aus. Mulch hat eine wärmende und wasserspeichernde Funktion und fördert ein aktives Bodenleben.

Auch bei Dauerkulturen ist das Mulchen eine ganz wichtige Maßnahme (z.B. Zierpflanzen, Sträucher, Bäume etc.).

Wenn Ihr Garten in einem schneckengefährdeten Gebiet ist, sollten Sie vor der Ausbringung des Mulchs ein biotaugliches Schneckengranulat streuen. Dadurch wird das Mittel vor Niederschlag und Sonne geschützt.

MULCHEN
Allgemeines zur Erzeugung von gesunden Lebensmitteln

52

WELCHE MATERIALIEN KÖNNEN DAFÜR VERWENDET WERDEN?

- Grasschnitt, Strohhäcksel, Laub (nicht geeignet als Mulchmaterial sind samentragende Pflanzen, Wurzelkräuter und kranke Pflanzenteile)
- Grober Kompost
- Papier und Karton
- Blätter (z.B. Beinwell, Brennnessel, solange sie nicht blühen)
- Gründüngungspflanzen (z.B. Wicken, Klee, Lupine)
- Rindenhumus (ein bis zwei Jahre vorkompostierte Rinde, auch für den Gemüsegarten geeignet, bildet viel Humus)
- Rindenmulch (erzeugt Säurereaktion im Boden, daher im Gemüsegarten nicht geeignet)
- Zerkleinerter Heckenschnitt (junge Triebe)
- Aktivfaser, Mulchmaterial aus Holzfasern, Mulchpapier

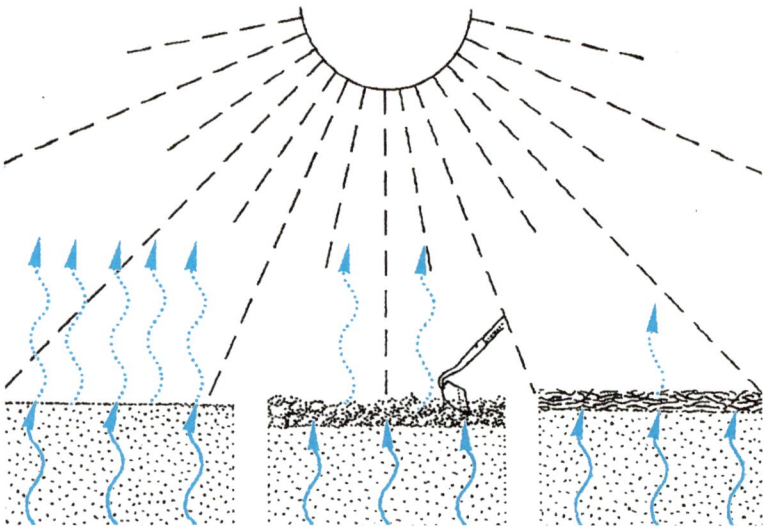

VON LINKS
Wasserverdunstung bei offenem, gehacktem und gemulchtem Boden.

Allgemeines zur Erzeugung von gesunden Lebensmitteln

WELCHE VORTEILE BRINGT DAS MULCHEN FÜR DEN BODEN?

- Besonders aktives Bodenleben
- Sparsamster Wasserverbrauch von allen Bewirtschaftungsmethoden
- Schutz des Gartenbodens vor Austrocknung, Verkrustung und Erosion
- Weniger Hacken (lockerer Boden)
- Temperaturausgleich durch die Mulchdecke im Winter und im Sommer
- Weniger Dünger nötig (Mikroorganismen produzieren reichlich Nährstoffe und Humus)
- Gemulchter Boden bleibt überwiegend frei von Fremdkräutern
- Große Arbeitserleichterung
- Leichteres und sauberes Ernten
- Leichte Begehbarkeit auch nach starkem Regen
- Starkregen kann nicht zur Verschlämmung führen – da der Mulch dies verhindert
- Gemulchte Beete bleiben feucht und unkrautfrei
- Gesunde, hochwertige Lebensmittel
- Mulchen spart also Arbeit und Geld!

Für viele Gärtner ist ein gemulchtes Beet zunächst ein völlig neuer, ungewöhnlicher Anblick. Mancher wird es sogar als »unschön« oder »unordentlich« empfinden, obwohl das Verfahren der Ordnung in der Natur entspricht. Mulchen setzt also die Bereitschaft voraus, sich an das »neue Bild« im Garten zu gewöhnen. Die großen Vorteile des Mulchens werden meist aus *unbegründeten ästhetischen Überlegungen* abgelehnt.

MULCHEN
Allgemeines zur Erzeugung von gesunden Lebensmitteln

54

OBEN
Grasmulch im Gemüsebeet.

UNTEN
Grasmulch im Blumenbeet.

Allgemeines zur Erzeugung von gesunden Lebensmitteln

Mischkultur

Der Anbau von Mischkulturen ist eine altbewährte Tradition und hat nichts von seiner Gültigkeit verloren. Ein alter klassischer Bauerngarten war und ist oft auch heute noch ein vielfältiges Durcheinander – und doch wohldurchdacht. In der freien Natur wachsen Pflanzen immer in einer Gemeinschaft, helfen und ergänzen einander. Die Mischkultur berücksichtigt die unterschiedlichen Nährstoffbedürfnisse und das Wuchsverhalten der Pflanzen.

In vielen Hausgärten ist man leider von den Vorteilen der Naturprinzipien abgegangen. In den Gärten herrscht daher »Einfalt statt Vielfalt«. Ähnlich wie bei Ackerkulturen treten auch hier vermehrt Ertragseinbußen und Pflanzenschutzprobleme auf.

Bei vielen Pflanzen wurden Wirkstoffe gefunden, die über Wurzeln, Blätter, Blüten oder Früchte abgegeben werden. Obwohl es sich bei diesen Substanzen nur um geringe Mengen handelt, haben sie eine erhebliche Wirkung. Durch Duftstoffe und Wurzelausscheidungen können sich Pflanzen gegenseitig fördern und zugleich gegen manche »Gegner« schützen. Es ist daher immer wichtig, die richtigen Partner gemeinsam zu kultivieren! Man kann ruhig sagen: »Es kann die schönste Pflanze nicht gedeihen, wenn es dem bösen Nachbarn nicht gefällt.« So fördern Wurzelausscheidungen der Tomaten das Wachstum von Kopfsalat. Wermut wiederum hemmt die Entwicklung der meisten Gemüsearten. Diese negative Beeinflussung ist sogar dann noch gegeben, wenn der Wermut von diesen einen Meter Abstand hat.

Es ist einfach eine Tatsache, dass Pflanzen, die sich in ungünstiger Nachbarschaft oder an einem ungünstigen Standort befinden, nicht »weglaufen können«. Aber sie reagieren darauf mit schlechtem Wachstum und erhöhter Anfälligkeit gegenüber Krankheiten und Schädlingen. Jeder erfolgreiche Gärtner wird daher auch die

MISCHKULTUR
Allgemeines zur Erzeugung von gesunden Lebensmitteln

Regeln der Mischkultur beachten. Die Lehre von der Wechselbeziehung zwischen Pflanzen wird als »Allelopathie« bezeichnet.

Es ist auch möglich, dass der gewünschte positive Effekt nicht immer eintritt, da Bodenlebewesen Wurzelausscheidungen abbauen können, bevor die positive Beeinflussung benachbarter Pflanzen eintritt. Des Weiteren kann Luftbewegung leicht flüchtige Wirkstoffe verwehen.

Fruchtwechsel ist eine der wirksamsten vorbeugenden Maßnahmen gegen viele Krankheitserreger und Schädlinge. Die Mischkultur beachtet auch die unterschiedlichen Nährstoffansprüche der Pflanzen, sodass dadurch auch der Bodenmüdigkeit vorgebeugt werden kann. Wichtig ist der Fruchtwechsel bei Erdbeeren, Petersilie, Karotten, Kohlarten, Bohnen und Salat. Zu häufiger Anbau verursacht Wurzelfäule und Kümmerwuchs.

VORTEILE DER MISCHKULTUR

- Die größere Vielfalt verschiedener Pflanzen stärkt das natürliche Gleichgewicht.
- Eine mögliche Bodenmüdigkeit wird weitgehend verhindert.
- Die vorhandene Gemüsefläche wird besser genutzt.
- Eine Verbesserung des Mikroklimas sowie Wasserhaushalts wird erreicht.
- Die Pflanzen fördern sich gegenseitig im Wachstum.
- Die Abwehr gegen Schädlinge und Krankheiten wird erhöht.
- Unkräuter werden in ihrer Entwicklung stark unterdrückt.
- Qualität, Geschmack und Haltbarkeit werden positiv beeinflusst.
- Günstige Voraussetzungen der Pflanzen erhöhen auch die Erträge.

Für die biologische Erzeugung von Gemüse und Obst sind die Kenntnisse über die »Freund- aber auch Feindschaft« von großer Bedeutung. Es muss so gemischt werden, dass sich die verschiedenen Pflanzen auf einem Beet bzw. im Garten »pudelwohl« fühlen. Dadurch ist gewährleistet, dass sie zügig wachsen und auch von

MISCHKULTUR

Allgemeines zur Erzeugung von gesunden Lebensmitteln

RECHTS
Die Mischkultur ist ein sehr positiver Beitrag zur Pflanzenentwicklung.

MISCHKULTUR
Allgemeines zur Erzeugung von gesunden Lebensmitteln

LINKS
Detail eines Gartens mit Mischkultur.

Schädlingen (Pilzen, Blattläusen etc.) verschont bleiben. Die nachstehend angeführte Tabelle soll dafür eine wertvolle Hilfe sein.

Pflanzen kommunizieren mit Duftstoffen, mit elektrischen Impulsen und Geräuschen. Bei 900 Pflanzenfamilien wurden ca. 2.000 »Duftvokabeln« identifiziert.

Der Duft ist die Sprache der Pflanzen. Die Körperfunktionen von Pflanzen sind nicht in speziellen Organen angesiedelt, sondern im ganzen Körper verteilt. So riecht die Pflanze mit dem ganzen Körper, nicht nur mit der Nase wie der Mensch.

Es genügt nicht mit den Pflanzen zu sprechen, man muss ihnen auch zuhören.
DAVID BERGMANN

MISCHKULTUR
Allgemeines zur Erzeugung von gesunden Lebensmitteln

NACHBARN FÜR DIE MISCHKULTUR

Pflanzenart	Gute Nachbarn	Schlechte Nachbarn
BROKKOLI, BLUMENKOHL	Bohnen, Endivien, Gurken, Mangold, Tomaten, Sellerie	Kartoffeln, Zwiebeln
BUSCHBOHNEN	Baldrian, Blumenkohl, Bohnenkraut, Gurken, Karotten, Kartoffeln, Kohlarten, Kopfsalat, Mangold, Pflücksalat, Rhabarber, Ringelblume, Rosenkohl, Rote Rüben, Sellerie, Tomaten	Erbsen, Fenchel, Knoblauch, Lauch, Zwiebeln
CHINAKOHL, PAK CHOI	Buschbohnen, Erbsen, Gurken, Karotten, Spinat	Kartoffeln, Kohlrabi, Mangold, Rettich
DILL	Erbsen, Gurken, Karotten, Kopfsalat, Radieschen, Zucchini, Zwiebeln	Fenchel, Knoblauch, Lauch, Tomaten
ENDIVIEN	Fenchel, Karotten, Kohlarten, Lauch, Stangenbohnen	
ERBSEN	Dill, Fenchel, Gurken, Karotten, Kohlrabi, Kopfsalat, Mais, Radieschen, Rhabarber, Rote Rüben, Sellerie, Spargel, Zucchini	Bohnen, Kartoffeln, Knoblauch, Lauch, Paprika, Tomaten, Zwiebeln
ERDBEEREN	Buschbohnen, Karotten, Knoblauch, Kopfsalat, Lauch, Radieschen, Rote Rüben, Spinat, Zwiebeln	Kohlarten

MISCHKULTUR
Allgemeines zur Erzeugung von gesunden Lebensmitteln

Pflanzenart	Gute Nachbarn	Schlechte Nachbarn
FELDSALAT (VOGERLSALAT)	Fenchel, Erbsen, Karotten, Knoblauch, Kohlgewächse, Lauch, Radischen, Tomaten, Zwiebeln	Petersilie
FENCHEL	Endivien, Erbsen, Feldsalat, Gurken, Kopfsalat, Pflücksalat, Salbei, Zichoriensalat	Bohnen, Dill, Kohlrabi, Melanzani, Tomaten, Weinraute
GURKEN	Basilikum, Bohnen, Dill, Erbsen, Fenchel, Knoblauch, Kohl, Kopfsalat, Lauch, Mais, Rote Rüben, Sellerie, Zwiebeln	Kartoffeln, Melanzani, Radieschen, Rettich, Rosmarin, Salbei, Tomaten
KAROTTEN	Dill, Erbsen, Knoblauch, Lauch, Mangold, Melanzani, Radieschen, Rettich, Schnittlauch, Schnittsalat, Schwarzwurzeln, Tomaten, Zichoriensalat, Zwiebeln	Pastinaken, Pfefferminze, Rote Rüben
KARTOFFELN	Baldrian, Borretsch, Dicke Bohnen, Fenchel, Knoblauch, Kohlarten, Koriander, Mais, Pfefferminze, Rosenkohl, Spinat, Tagetes	Chinakohl, Erbsen, Erdbeeren, Gurken, Kürbis, Melanzani, Rote Rüben, Sellerie, Sonnenblumen, Tomaten, Zwiebeln
KNOBLAUCH	Erdbeeren, Gurken, Karotten, Rote Rüben, Tomaten, Zwiebeln	Buschbohnen, Erbsen, Stangenbohnen

MISCHKULTUR

Allgemeines zur Erzeugung von gesunden Lebensmitteln

Pflanzenart	Gute Nachbarn	Schlechte Nachbarn
KOHLGEWÄCHSE	Kartoffeln, Sellerie, Rote Rüben, Tomaten, Spinat, Pflücksalat, Kopfsalat, Endivien, Lauch, Erbsen, Gurken, Buschbohnen, Salbei, Dill, Mangold, Radieschen	Chinakohl, Knoblauch, Senf, Zwiebeln
KOHLRABI	Bohnen, Erbsen, Kartoffeln, Kopfsalat, Lauch, Melanzani, Radieschen, Rote Rüben, Schwarzwurzeln, Sellerie, Spargel, Spinat	Chinakohl, Fenchel
KOPFSALAT	Bohnen, Borretsch, Dill, Erbsen, Erdbeeren, Fenchel, Gurken, Karotten, Kerbel, Kohlarten, Kohlrabi, Lauch, Mais, Radieschen, Rote Rüben, Schwarzwurzeln, Spargel, Tomaten, Zichoriensalat, Zwiebeln	Gartenkresse, Petersilie, Sellerie
KÜRBIS	Zuckermais	
LAUCH	Endivien, Erdbeeren, Karotten, Kohlrabi, Kopfsalat, Melanzani, Schwarzwurzeln, Sellerie, Tomaten	Bohnen, Erbsen, Rote Rüben, Zwiebeln
MAIS	Bohnen, Gurken, Kartoffeln, Kopfsalat, Kürbis, Melonen, Tomaten, Zucchini	Rote Rüben, Sellerie

MISCHKULTUR
Allgemeines zur Erzeugung von gesunden Lebensmitteln

Pflanzenart	Gute Nachbarn	Schlechte Nachbarn
MANGOLD	Bohnen, Karotten, Kohlarten, Radieschen, Rettich	Rote Rüben, Spinat
MELANZANI (AUBERGINE)	Karotten, Kohlgewächse, Kopfsalat, Lauch, Petersilie, Sellerie, Spinat	Erbsen, Fenchel, Gurken, Kartoffeln
MELONEN	Radieschen, Rettich	
PAPRIKA	Buschbohnen, Kapuzinerkresse, Knoblauch, Sellerie	Kartoffeln, Melanzani, Tomaten
PASTINAKE	Kartoffeln, Rettich, Rote Rüben, Salat, Sellerie, Spinat, Zwiebeln	Karotten
PETERSILIE	Erdbeeren, Radieschen, Tomaten	Kopfsalat, Rote Rüben
PFLÜCK-/SCHNITTSALAT	Buschbohnen, Fenchel, Kohlarten, Radieschen, Rettich, Rote Rüben, Schwarzwurzeln, Spargel, Tomaten, Zwiebeln	Petersilie
RADIESCHEN/RETTICH	Bohnen, Erbsen, Feldsalat, Karotten, Kohlarten, Kopfsalat, Kresse, Mangold, Melanzani, Petersilie, Spinat, Tomaten, Zwiebeln	Gurken, Senf, Zucchini

MISCHKULTUR

Allgemeines zur Erzeugung von gesunden Lebensmitteln

Pflanzenart	Gute Nachbarn	Schlechte Nachbarn
RHABARBER	Buschbohnen, Erbsen, Frühkohl, Salat, Spinat	
ROTE RÜBEN	Buschbohnen, Dill, Gurken, Knoblauch, Kohlrabi, Pflücksalat, Zwiebeln	Erbsen, Karotten, Kartoffeln, Lauch, Mais, Mangold, Spinat
SCHWARZWURZELN	Bohnen, Erbsen, Kohlrabi, Kopfsalat, Lauch, Pflücksalat	
SELLERIE	Buschbohnen, Gurken, Karotten, Kohlarten (vor allem Blumenkohl), Lauch, Tomaten	Kartoffeln, Kopfsalat, Mais
SPARGEL	Gurken, Kopfsalat, Petersilie, Pflücksalat, Rhabarber, Tomaten	Kartoffeln, Schnittlauch, Zwiebeln
SPINAT	Erdbeeren, Kartoffeln, Melanzani, Radieschen, Rettich, Rosenkohl, Sellerie, Stangenbohnen, Tomaten	Mangold, Rote Rüben
STANGENBOHNEN	Bohnenkraut, Gurken, Kapuzinerkresse, Kohl, Kopfsalat, Kümmel, Paprika, Rosmarin, Sellerie, Spinat	Erbsen, Fenchel, Knoblauch, Lauch, Zwiebeln

MISCHKULTUR

Allgemeines zur Erzeugung von gesunden Lebensmitteln

Pflanzenart	Gute Nachbarn	Schlechte Nachbarn
TOMATEN	Basilikum, Karotten, Kohlrabi, Kopfsalat, Lauch, Mais, Petersilie, Pflücksalat, Radieschen, Rettich, Rote Rüben, Sellerie, Spinat, Tagetes, Zichoriensalat	Erbsen, Fenchel, Gurken, Kartoffeln, Melanzani, Paprika, Rotkohl
WERMUT	Schwarze Johannisbeeren	alle anderen Kulturen
ZICHORIENSALAT	Bohnenkraut, Fenchel, Karotten, Kopfsalat, Stangenbohnen, Tomaten, Zwiebeln	Petersilie
ZUCCHINI	Basilikum, Kapuzinerkresse, Mais, Stangenbohnen, Zwiebeln	Gurken, Radieschen, Salat, Tomaten
ZUCKERMAIS	Bohnen, Gurken, Kartoffeln, Melonen, Tomaten, Zucchini	
ZWIEBELN	Dill, Erdbeeren, Gurken, Karotten, Kopfsalat, Rote Rüben, Schwarzwurzeln, Zichoriensalat, Zucchini	Bohnen, Erbsen, Kohlarten, Lauch, Schnittlauch, Tomaten

Allgemeines zur Erzeugung von gesunden Lebensmitteln

Pflanzen gegen Krankheiten und Schädlinge

Pflanzliche Stoffe haben eine enge Beziehung zur Insektenwelt. Sie können auf Schädlinge entweder anlockend oder abstoßend wirken. Diesem Umstand soll, wenn möglich, in der Anbaugestaltung im Garten Rechnung getragen werden. Die Forschung in dieser Richtung hinkt noch etwas nach. Viele Zusammenhänge sind deshalb noch ungeklärt.

DIESE ÜBERSICHT SOLL ALS ANREGUNG FÜR EIGENE VERSUCHE DIENEN

Krankheiten / Schädlinge	Günstige Pflanzenkombinationen als Abwehrstrategie
AMEISEN	Feldsalate, Kerbel, Lavendel, Majoran, Pfefferminze, Rainfarn, Thymian, Wermut
BLATTLÄUSE	Bohnenkraut, Kapuzinerkresse, Kerbel, Lavendel, Pfefferminze, Salbei, Tagetes, Thymian, Wermut, Ysop
BRAUNFÄULE (TOMATEN)	Gewürzfenchel, Petersilie, Salbei, Thymian, Ysop
DRAHTWÜRMER	Ringelblumen
ECHTER MEHLTAU	Knoblauch, Pfefferminze, Schnittlauch, Zwiebeln
ERDFLÖHE	Beifuß, Kopfsalate, Pfefferminze, Tomaten, Sellerie, Wermut
GRAUSCHIMMEL AN ERDBEEREN	Knoblauch
GUMMIFLUSS	Fingerhut (unter Kirschbäume pflanzen)
KARTOFFELKÄFER	Farnkraut, Kren, Phazelia

MISCHKULTUR
Allgemeines zur Erzeugung von gesunden Lebensmitteln

Krankheiten/ Schädlinge	Günstige Pflanzenkombinationen als Abwehrstrategie
KOHLHERNIE	Lauch, Zwiebeln
KOHLWEISSLING	Beifuß, Borretsch, Dill, Pfefferminze, Ringelblumen, Rosmarin, Salbei, Sellerie, Tagetes, Thymian, Tomaten
KRÄUSELKRANKHEITEN	Kapuzinerkresse auf Baumscheiben pflanzen, Knoblauch, Kren
LAUCHMOTTEN	Dill, Kamille, Karotten, Petersilie, Sellerie
MÖHRENFLIEGEN	Knoblauch, Kresse, Lauch, Salbei, Schnittlauch, Zwiebeln
NEMATODEN	Ringelblumen, Tagetes
PILZERKRANKUNGEN	Knoblauch, Zwiebeln
RAUPEN	Kapuzinerkresse, Knoblauch
ROSENROST	Knoblauch (Rosen verlieren dadurch etwas von ihrem Duft)
SÄULCHENROST (JOHANNISBEERE)	Wermut, Borretsch
SCHADINSEKTEN	Eberraute
SCHNECKEN	Bartnelken, Farne, Kamille, Kapuzinerkresse, Kerbel, Knoblauch, Kornblumen, Lavendel, Oregano, Ringelblumen, Rosmarin, Salbei, Thymian, Wermut, Ysop, Ziergräser aller Art, Zitronenmelisse, Zwiebeln

MISCHKULTUR

Allgemeines zur Erzeugung von gesunden Lebensmitteln

RECHTS
Kapuzinerkresse als Baumscheibenbepflanzung ist nicht nur sehr hübsch, sondern wirkt auch gegen Blutlaus, Schwarze Bohnenlaus und Kräuselkrankheit.

Krankheiten/ Schädlinge	Günstige Pflanzenkombinationen als Abwehrstrategie
WÜHLMAUS, MAULWURF	Hundszunge, Kaiserkrone, Knoblauch, Kreuzblättrige Wolfsmilch, Narzisse (La Riante), Sonnenblumen, Steinklee
WEISSE FLIEGE	Basilikum, Tangetes
ZWIEBELFLIEGE	Karotten
ZWIEBELHÄHNCHEN	Karotten, Petersilie

Wurzelsysteme bei Gemüsepflanzen

Pflanzen haben Wurzeln, um damit festen Halt zu finden und gleichzeitig Wasser und Nährstoffe aufzunehmen. Die Durchwurzelung übt einen starken Einfluss auf die Bodenbildung und damit auf die ökologische Beschaffenheit eines Standortes aus. Zur Bodenverbesserung sind Tiefwurzler bestens geeignet. Sie lüften den Boden und schließen Nährstoffe optimal auf. Zudem gelangen Tiefwurzler zu mehr Wasservorräten, was bei Trockenheit ein beträchtlicher Vorteil ist.

Flachwurzler (15–20 cm)
Endivie, Feldsalat, Kopfsalat, Lauch, Petersilie, Radieschen, Sellerie, Spinat, Tomaten, Zwiebeln

Mittelwurzler (bis 40 cm)
Asiasalate, Melanzani, Erdbeeren, Erbsen, Gartenbohnen, Grünkohl, Gurken, Karotten, Kohlrabi, Paprika, Rotkohl, Wasserrüben, Weißkohl

Tiefwurzler (bis 70 cm)
Artischocken, Blumenkohl, Karotten, Kürbisse, Mangold, Melonen, Paprika, Pastinaken, Rettich, Rote Rüben, Schwarzwurzeln, Spargel, Sprossenkohl, Wurzelpetersilie, Zichorien-Salate

Anmerkung:
Gurken, Kürbisse, Mais, Sellerie und Tomaten können, je nach Untergrundart, sowohl flach-, mitteltief- oder tiefwurzelnd sein.

LINKS
Lauch ist ein Flachwurzler.

Allgemeines zur Erzeugung von gesunden Lebensmitteln

Wie Pflanzen reagieren

Pflanzen reagieren auf Sonneneinstrahlung, Temperatur (Kälte/Wärme), Wind, Wasserverhältnisse (Nässe/Trockenheit). So wachsen Pflanzen im Schatten naturgemäß beispielsweise schwächer als in der Sonne. Es ist deshalb wichtig zu wissen, welche individuellen Bedürfnisse Pflanzen haben, insbesondere in Hinblick auf ihren Bedarf an Sonneneinstrahlung und Wasser. Die folgende Aufzählung soll Ihnen helfen, die richtige Pflanzenauswahl zu treffen.

Der Wasserbedarf von Gemüsepflanzen ist sehr unterschiedlich und wird auch durch die Bodenstruktur geprägt. Sägemüse hat einen geringeren Wasserbedarf als Pflanzgemüse. Der Grund liegt in der besseren Wurzelausbildung bei Sägemüse.

Hoher Wasserbedarf
Blumenkohl, Brokkoli, Chinakohl, Kohl, Porree, Rhabarber, Sellerie, junge Salatpflanzen

Sonnenverträgliche Gemüsepflanzen
Bohnen, Chili, Gurken, Kartoffeln, Melanzani, Melonen, Paprika, Süßkartoffeln, Tomaten, Zucchini

Mittlere Trockenheitstoleranz
Buschbohnen, Erbsen, Karotten, Kartoffeln, Knoblauch, Kohlrabi, Kürbis, Mais, Mangold, Melanzani, Melonen, Petersilie, Radieschen, Rettich, Rote Rüben, Rotkohl, Rüben, Rucola, Salat, Spinat, Süßkartoffeln, Topinambur, Weißkohl, Zucchini, Zwiebeln

Gemüse, das auch im Halbschatten wächst
Asiasalate, Bärlauch, Blumenkohl, Brokkoli, Buschbohnen, Erbsen, Feldsalat, Grünkohl, Guter Heinrich, Karotten, Knoblauch, Kohlrabi, Kren, Lauch (Porree), Mangold, Pak Choi, Pastinaken, Radieschen, Rettich, Rote Rüben, Rosenkohl, Salat, Spinat, Weißkohl, Zwiebeln

WIE PFLANZEN REAGIEREN
Allgemeines zur Erzeugung von gesunden Lebensmitteln

Kräuter

Ob Gewürz- oder Heilkräuter, Kräuter haben aufgrund ihrer gesundheitsfördernden Inhaltsstoffe schon immer eine große Bedeutung für die Menschheit gehabt. Kräuter sind meistens hartlaubig und bevorzugen im Allgemeinen trockene Standorte.

Sonnenliebende Kräuter
Bergbohnenkraut, Currykraut, Eberraute, Echtes Eisenkraut, Estragon, Goldmelisse, Katzenminze, Koriander, Lavendel, Majoran, Oregano, Ringelblume, Rosmarin, Salbei, Schafgarbe, Thymian, Weinraute, Wermut, Ysop, Zitronengras

Kräuter für Schattenbeete
Bärlauch, Brunnenkresse, Dill, Kerbel, Knoblauch, Liebstöckel, Melisse, Minze, Petersilie, Pimpernelle, Rhabarber, Salbeiarten, Schnittlauch, Waldmeister, Weinraute, Zitronenmelisse

LINKS
Ananassalbei liebt sonnige Plätze, ist jedoch nicht immer winterhart.

RECHTS
Pfeffersalbei (»Hummelschaukel«) ist für sonnige Standorte bestens geeignet.

Allgemeines zur Erzeugung von gesunden Lebensmitteln

Pflanzen & Sträucher/Stauden

Balkonpflanzen, die Sonne lieben
Blaue Fächerblumen, Elfensporn, Geranien, Gewöhnlicher Leberbalsam, Husarenknopf, Petunien, Verbena, Wandelröschen, Zauberglöckchen

Trockenresistente Sträucher/Stauden
Akelei, Alantarten, Ananassalbei, Aster, Berberitze, Bitterorange, Blasenstrauch, Blauraute, Brandkraut, Duftnessel, Eberraute, Ehrenpreis, Eisenkraut, Färberkamille, Felsensteinkraut, Fetthenne, Flieder, Gewöhnliche Seidenpflanze, Ginster, Goji-Beere, Grasnelken, Großblütige Königskerze, Hartriegel, Haselnuss, Hechtrose, Johanniskraut, Kartäusernelke, Mädchenauge, Katzenpfötchen, Königskerze, Kornelkirsche (Dirndlstrauch), Küchenschelle, Kugeldistel, Laucharten, Lavendel, Malve, Mannstreu, Mittagsblümchen, Nachtkerzen, Nelken, Ochsenauge, Ochsenzunge, Österreichischer Lein, Perlkörbchen, Pfeffersalbei, Pfingstrosen, Purpursonnenhut, Pyrenäen-Aster, Rittersporn, Sanddorn, Sandglöckchen, Schafgarbe, Scharfer Mauerpfeffer, Schlehe, Schneeball, Schneerose, Sommerflieder, Sommerröschen, Sonnenhut, Steinweichsel, Taglilien, Thymianarten, Wegwarte, Wermut, Wildrose, Wolfsmilch, Wollziest, Zierlauch, Zistrose

Trockenresistente Bäume
Amberbaum, Blauglockenbaum, Eichenholzbaum, Feldahorn, Ginkgo, Hopfenbuche, Libanon-Zeder, Ungarische Silbereiche, Vogelbeere, Weingartenpfirsich, Winterlinde, Zügelbaum

Obst, das auch im Schatten wächst
Brombeeren, Himbeeren, Johannisbeeren, Stachelbeeren, Walderdbeeren, Waldheidelbeeren

Allgemeines zur Erzeugung von gesunden Lebensmitteln

Wintergemüse

Im Winter glauben viele Menschen, dass wir Gemüse aus südlichen Ländern importieren müssen. Das ist jedoch nicht notwendig, denn es gibt genügend lokales Wintergemüse, an dem wir uns erfreuen könnten und welches ebenso wert- und gehaltvoll wie Sommergemüse ist. Mehrjährige Untersuchungen des Forschers Stefan Marxer von der Universität für Bodenkultur in Wien haben ergeben, dass Wintergemüse süßer ist und auch die Polyphenole im Vergleich zu Sommergemüse höher sind. Bei Carotinoiden und Chlorophyll hat im Sommer produziertes Gemüse einen leichten Vorteil.

Viele Gemüsearten kommen mit kalten Temperaturen gut zurecht. Wolfgang Palme beschäftigt sich seit über zwölf Jahren an der *Höheren Bundeslehr- und Forschungsanstalt für Gartenbau Schönbrunn* mit dem Anbau von Gemüse im Winter. In seiner Forschung zeigt sich, dass die meisten Gemüsepflanzen höhere Minusgrade weitaus besser überstehen als bisher angenommen. Im Freiland und in ungeheizten Folientunnels wurden mehr als 77 frostresistente Winterkandidaten eruiert. Hier sind Beispiele von Gemüsesorten, die auch bei kalten Temperaturen im Hausgarten gut gedeihen:

Frosthärteuntergrenze –5 bis –7 °C
Blumenkohl, Brokkoli, Endivie

Frosthärteuntergrenze –10 bis –12 °C
Bundkarotten, Pflücksalat, Mangold, Rettich, Zierkohl

RECHTS
Sprossenkohl im »Winterkleid«.

Frosthärteuntergrenze unter –15 °C
Asiasalate, Feldsalat, Grünkohl, Petersilie, Rucola, Winterportulak

Bitte beachten Sie, dass Pflanzen bei Froststarre nicht berührt werden dürfen. Durch Berührung wird das Gewebe zerstört. Es verfärbt sich und wird matschig. Daher immer erst nach dem Auftauen ernten.

WINTERGEMÜSE
Allgemeines zur Erzeugung von gesunden Lebensmitteln

Allgemeines zur Erzeugung von gesunden Lebensmitteln

Neophyten

Der Begriff Neophyt bezeichnet Pflanzen, die seit der Entdeckung Amerikas bei uns eingeführt oder unabsichtlich eingeschleppt wurden. Neophyten verfügen teilweise über geschickte Ausbreitungsstrategien, wie beispielsweise das Indische Springkraut und der Riesenbärenklau. Die für uns so wichtig gewordenen Pflanzen Mais, Kartoffeln und Tomaten kamen auch erst nach 1492 nach Europa und haben sich ebenfalls unserem Klima angepasst. Sie haben jedoch heimischen Pflanzen nicht den Platz weggenommen, sondern sich positiv in die Pflanzengemeinschaft eingegliedert. Man darf daher Neophyten nicht generell negativ beurteilen. Seit einigen Jahren werden in Österreich beispielsweise Kulturen wie Erdnüsse, Melonen, Reis und Süßkartoffeln im Freiland kultiviert. Wer hätte sich das vor einigen Jahren vorstellen können?

LINKS
Erdnüsse sind auch bereits bei uns klimatauglich.

… Allgemeines zur Erzeugung
von gesunden Lebensmitteln

Dammkultur

Dammkultur ist eine weitere Möglichkeit, der Klimaerwärmung und der fast jährlich auftretenden Trockenheit entgegenzuwirken. Diese Kulturführung gab es in Teilen von Spanien schon vor ca. 800 Jahren. In Mitteleuropa ist Dammanbau von Gemüse- und Ackerkulturen seit einigen Jahrzehnten wieder aktuell und hat in den letzten Jahren stark an praktischer Umsetzung gewonnen. Auch Rudolf Steiner (Philosoph, Anthroposoph, 1861–1925) sprach positiv über diese Kulturführung.

EINSETZBAR BEI GEMÜSE UND ACKERKULTUREN WIE
Bohnen, Getreide, Karotten, Lauch, Mais, Petersilie, Raps, Rote Rüben, Sojabohnen, Spargel, Schwarzwurzeln, Salate, Zuckerrüben

VORTEILE

- Boden wird nicht gewendet, sondern nur belüftet
- Schnellere Bodenerwärmung und intensiveres Bodenleben
- Besserer Gasaustausch (Sauerstoff, CO_2 etc.)
- Gemüse bekommt bei Starkregen keine »nassen Füße«
- Im Inneren des Damms bildet sich ein Kapillarkern, der Feuchtigkeit auch bei langer Trockenheit speichert
- Sonnenlicht trifft nicht überall gleich intensiv auf den Boden, dadurch entstehen Temperaturunterschiede und Luftzüge, was ein besseres Mikroklima zur Folge hat

NACHTEILE

- Technische Ausstattung erforderlich
- In Hanglagen eventuell Erosionsgefahr
- Bewässerung kann für einen gleichmäßigen Aufgang des Saatgutes notwendig sein
- Weniger geeignet für leichte und trockene Böden

DAMMKULTUR
Allgemeines zur Erzeugung von gesunden Lebensmitteln

76

OBEN
Flacher Boden hat eine geringere Oberfläche und die Temperatur ist in allen Bereichen gleich. Bei der Dammkultur ergibt sich ein eigenes Mikroklima durch die unterschiedliche Einstrahlungsintensität der Sonne. Die Oberfläche wird durch den Damm größer.

MITTE
Handhäufler für den Hausgarten.

UNTEN
Gesunde Pflanzen mit Dammkultur.

Permakultur

Das Konzept der Permakultur steht für eine nachhaltige Lebensweise und Landnutzung. Als Vater der Permakultur gilt der Australier Bill Mollison (1928–2016). Die Beobachtung und Unterstützung der natürlichen Kreisläufe der Natur steht dabei im Mittelpunkt der Tätigkeit des Gärtners. Permakultur beschränkt sich nicht nur auf den Gemüse- und Kräutergarten; auch landwirtschaftliche Flächen werden nach ihren Prinzipien bearbeitet. Der Fokus liegt dabei vor allem auf dem Bodenschutz, damit der Boden mehr speichern kann und weniger Feuchtigkeit verliert.

Bewässerung

Ohne Wasser gibt es kein Pflanzenwachstum. Pflanzen enthalten in der Regel zwischen 75 % und 95 % Wasser. Sie nehmen mit dem Wasser alle notwendigen Nährstoffe auf. Sämtliche Lebensvorgänge in den einzelnen Zellen sind auf Wasser angewiesen.

Der Wasserbedarf der Gemüsekulturen ist sehr unterschiedlich; Tomatenpflanzen brauchen mehr als Gurken, Fruchtgemüse mehr als Wurzelgemüse, Trockenbohnen mehr als Grüne Bohnen. Die richtige Zeit zum Gießen ist der frühe Morgen und weniger der Abend. Als Faustregel gilt: An sonnigen, warmen Tagen nicht nach 10 Uhr und nicht vor 17 Uhr gießen. Abendliches Gießen lockt Schnecken an. Der warme Boden fördert die Verdunstung und das kalte Wasser schockt teilweise die erhitzten Pflanzen. Feuchte Blätter, die nicht mehr abtrocknen können, sind durch Pilzkrankheiten und Fäulniserreger besonders gefährdet. Ein Beispiel: Der für die gefürchtete Kraut- und Braunfäule an Tomaten verantwortliche Pilz benötigt für die Keimung mindestens vier Stunden Blattnässe und Temperaturen im Bereich von 18° bis 22° Celsius, aber auch schon bei 13° bis 18° Celsius ist ein Befall möglich. Luftfeuchtigkeit über 90 % beschleunigt die Infektion.

BEWÄSSERUNG
Allgemeines zur Erzeugung von gesunden Lebensmitteln

LINKS
Mit der Gießkanne ist die Wasserverteilung am effektivsten.

RECHTS
Regenwasser ist ein kostbares Gut.

Das kostbarste und beste Wasser für Pflanzen ist das Regenwasser. Weiches, kalkfreies Regenwasser löscht den Durst der Pflanzen am besten. Es ist daher sinnvoll, so viel Regenwasser wie möglich zu sammeln, um bei Bedarf genug davon zu haben. Brunnen- oder Leitungswasser ist weniger gut als Gießwasser geeignet. Es gilt die Empfehlung, möglichst selten, aber durchdringend zu gießen. Weil sich die Hauptwurzelzone der meisten Gemüsepflanzen in einer Tiefe von 10 bis 30 cm befindet, soll eine normale Gießwassergabe mindestens 10 bis 20 Liter pro m^2 betragen. Das Wasser soll immer in die Wurzelzone gelangen, da die Pflanzen ca. 95 % des Wasserbedarfes über ihre Wurzeln aufnehmen.

Jeder Boden hat ein bestimmtes »Schluckvermögen«. Wird der Grenzwert überschritten, kommt es zu Stauwasserbildung und Oberflächenabfluss. Die Aufnahmefähigkeit von pulvertrockenem Boden ist besonders gering. Es ist daher notwendig, ca. zwei bis

Allgemeines zur Erzeugung von gesunden Lebensmitteln

drei Stunden nach dem Gießvorgang durch eine Spatenprobe festzustellen, ob die Wurzelzone in ca. 15 bis 25 cm Tiefe durchfeuchtet ist.

Hacken und Mulchen hilft beim Wassersparen. Bei heißem, windigem Wetter können pro m² bis über 6 Liter Wasser täglich verdunsten. Oberflächliches Hacken vermindert ganz beträchtlich die Verdunstung. Noch günstiger ist jedoch eine Mulchschicht aus getrocknetem Rasenschnitt, Laub oder gehäckseltem Stroh etc. Einige Gartenbesitzer arbeiten schon mit der Tröpfchenbewässerung. Bei dieser Methode gehen nur ca. 10 % der Wassermenge verloren, wohingegen bei der Sprinkler-Bewässerung 30–40 % an Verlust zu verzeichnen sind.

Wann immer möglich, sollte man mit der Gießkanne jeder einzelnen Pflanze Wasser zuführen. Die Methode stellt zudem auch eine sehr gute Wassereinsparungsmöglichkeit dar. Der Gießvorgang soll sanft und mit wenig Wasserdruck erfolgen. Gehölze sollen immer im äußeren Kronenbereich bewässert werden, da sich dort die wasseraufnehmenden Feinwurzeln befinden.

DIE HÄUFIGSTEN FEHLER BEIM GIESSEN

- Im Frühjahr und Herbst wird meist zu viel, im Sommer zu wenig gegossen.
- Der Spritzschlauch wird häufig gedankenlos zur oberflächlichen Bewässerung verwendet
- Anstatt morgens wird meistens abends gegossen
- Statt nur die Pflanzenflächen zu gießen, wird Wasser großzügig für Plattenwege und andere Gartenbeinrichtungen vergeudet
- Die Wassereinsparungsmöglichkeit bei der Verwendung einer Gießkanne wird zu wenig genutzt

Wenn man Regenwasser in der Plastiktonne sammelt, ist darauf zu achten, dass dieses durch die Sonne nicht zu stark erwärmt wird. Mit zunehmender Erwärmung verliert das Wasser an natürlicher Kraft. Außerdem vermehren sich Bakterien sehr stark und es entsteht ein leicht fauliger Geruch. Die Plastiktonnen sollten an einem schattigen Platz stehen oder noch besser in der Erde eingesenkt sein. Sehr günstig wäre jedoch ein Vorratsbehälter aus Holz, dieser hält das kostbare Nass angenehm kühl.

Erlebnisraum Garten

Die große Zahl der nützlichen Helfer im Garten wird oft unterschätzt. Die wichtigste Voraussetzung, um dieses Potenzial zu nutzen, ist der Verzicht auf chemisch-synthetische Pflanzenschutzmittel. Die natürlichen Gegenspieler der Schädlinge, die Nützlinge, sollten unbedingt gefördert werden. Unter Nützlingen versteht man

LINKS
Auch der kleinste Garten wirkt positiv auf Körper, Geist und Seele.

ERLEBNISRAUM GARTEN
Allgemeines zur Erzeugung von gesunden Lebensmitteln

LINKS
Mustergültiges Nützlingshotel mit integriertem Bienenstock.

RECHTS
Sommerflieder ist eine beliebte Zwischenstation für Schmetterlinge.

die natürlichen Feinde von Organismen, die an unseren Kulturpflanzen fressen oder sie in ihrem Wachstum beeinträchtigen. Herrscht in Gärten ein ökologisches Gleichgewicht, stellen sich die Nützlinge von selbst ein. Wo Nützlinge sinnvoll walten, kann sich kein Schädling frei entfalten.

Wir brauchen Gärten, die der Natur entsprechen und nicht der Mode. Je mehr wir die Natur aus den Gärten verdrängen um so mehr handeln wir uns Probleme ein!

Die Verwendung von Saatgutmischungen zur Förderung von Nützlingen (z.B. Bienen, Florfliegen, Schlupfwespen, Hummeln, Schmetterlingen) ist sehr zu empfehlen. Wichtig ist auch, dass eine Kräutervielfalt vorhanden ist. Besonders gut geeignet sind dafür z.B. Majoran, Basilikum, Anis, Thymian, Salbei, Lavendel, Dill und Fenchel. Ein möglichst langer Blütezeitraum ist dabei vorteilhaft. Im Herbst sollten nicht alle Pflanzen abgeschnitten werden, sodass Überwinterungsverstecke bestehen bleiben.

Viele Nützlinge überwintern auch in Polsterstauden oder im Falllaub. Teiche, Sommerblumenbeete, völlig unbewirtschaftete

ERLEBNISRAUM GARTEN

Allgemeines zur Erzeugung von gesunden Lebensmitteln

LINKS
Blühende Wiesenstreifen sind wichtige Heimstätten für Nützlinge.

RECHTS
Auch im Winter sind unsere Nützlinge auf Nahrung und Unterschlupf angewiesen.

Naturecken und spezielle Lebensraumangebote wie Holz-, Reisig-, Laub- und Steinhaufen, Trockenmauern usw. bieten Lebensraum für Tiere wie Igel, Erdkröten, Spitzmäuse, Raupen und Spinnen.

Ornithologen haben festgestellt, dass z.B. ein Holunderstrauch für 62, eine Eberesche für 63, ein Haselnussstrauch für 70, ein Essigbaum aber nur für eine Vogelart Nahrungsquelle bietet. Im englischen Rasen dürfen Löwenzahn oder Weißklee nicht vorhanden sein. Dabei holen sich 72 verschiedene Wildbienenarten den Pollen und Nektar aus den kleinen Sonnen der Löwenzahnpflanzen, und vom Weißklee ernähren sich 41 Arten! »Nur« 21 Wildbienenarten steuern dagegen die hübschen Wiesenmargeriten an. Daraus geht hervor, wie ökologisch wertvoll ein bunter, blühender Rasen ist. In einem naturnahen Garten reguliert sich die Natur selbst und lässt alle Lebewesen und Arten existieren. Ganz nach dem Sprichwort »Fressen und gefressen werden«.

Allgemeines zur Erzeugung von gesunden Lebensmitteln

Die Motorisierung macht auch bei den Gartengeräten nicht halt. Eine der neuesten Erfindungen sind die Laubsauger. Der »Sog, der alles mitreißt« erreicht in kurzer Zeit Luftgeschwindigkeiten bis zu 160 Stundenkilometer und Saugleistungen von bis zu 10 m³ pro Minute. Die ökologischen Auswirkungen sind jedoch fatal. Viele Nützlinge wie z.B. Käfer, Spinnen, Tausendfüssler, Asseln, Springschwänze und Amphibien sind kaum oder nicht in der Lage, sich dem »Turbo«-Blas- oder Saugstrahl zu widersetzen. Die Saugmahd an Straßenrändern zeigt, dass kein Insekt der Krautschicht, das in den Saugmäher gelangt, überlebt. Möglicherweise kommen auch Kleinsäuger in Gefahr.

Im Interesse naturnaher Gartengestaltung und der Artenvielfalt an Kleinlebewesen ist ein Einsatz dieser »neuen« Technik also abzulehnen. Darüber hinaus entfernen die Laubsauger mit den Blättern wichtige Nährstoffe aus dem Garten. Es ist daher besser, das Laub länger liegen zu lassen, da es im Winter den Boden vor Frost und Verdunstung schützt.

RECHTS
Der Taubenschwärmer wird auch Kolibrischwärmer genannt und hat einen 25–28 mm langen Saugrüssel.

Allgemeines zur Erzeugung von gesunden Lebensmitteln

Gärtnern mit dem Mond

Der Mond übt von jeher eine faszinierende Anziehungskraft auf Menschen aus. Der Mond bewegt nicht nur die Meere, sondern auch die Entwicklung der Pflanzen, unsere Seelenzustände usw. Auf seiner Wanderschaft durch den Kosmos bestimmt der Mond das Wachstum der Bäume, Sträucher, Gemüsepflanzen, Kräuter und anderer Pflanzen. Das jahrhundertealte Wissen um seine Wirkung ist seit der Industrialisierung in der Landwirtschaft bzw. im Gartenbau größtenteils verloren gegangen. Der griechische Philosoph Plutarch (um 45 n.Chr. – 125 n.Chr.) lehrte seinen Schülern bereits, dass der Mond in seinen verschiedenen Phasen starken Einfluss auf die Entwicklung der Pflanzen habe.

Allgemeines zur Erzeugung von gesunden Lebensmitteln

In vielen alten Garten- und Landwirtschaftsbüchern sind umfangreiche Pflanz- und Pflegehinweise zu finden, die sich auf den Mond beziehen. Im Laufe des letzten Jahrhunderts geriet das Wissen um die vom Mond ausgehenden Einflüsse jedoch in Vergessenheit. Es fehlen leider noch immer genügend wissenschaftliche Beweise zur Wirkung des Mondes. So haben wissenschaftsgläubige Menschen oft Schwierigkeiten, die Bedeutung des Mondes abzuschätzen. Mondregeln werden oft als Aberglaube belächelt oder als Humbug abgetan.

Viele Menschen reagieren mit Erstaunen auf die Zusammenhänge in der Natur. Seit einigen Jahrzehnten versuchen Gärtner und Bauern wieder verstärkt, auf die Rhythmen der Natur Rücksicht zu nehmen. Sie gehören zu jenen, die das Wissen um die Bedeutung von Neumond, Vollmond, zu- und abnehmendem Mond sowie den verschiedenen Tierkreiszeichen wieder zurückerobern und positiv in den Naturkreislauf einbauen wollen.

Die meisten Wissenschafter glauben noch immer nicht an den Einfluss des Mondes auf die Pflanzen. Ihnen gegenüber stehen alte wie junge Mondgärtner, die mit großartigen Erfahrungen aufwarten können. Stellvertretend soll der Name *Maria Thun* genannt werden. Es gibt heute genaue Aussaatkalender und Gartenbücher, die sich mit diesem Themenbereich umfassend auseinandersetzen und daher für den Praktiker einen wertvollen Leitfaden darstellen.

GÄRTNERN MIT DEM MOND

Allgemeines zur Erzeugung von gesunden Lebensmitteln

86

LINKS
Möhren, an Wurzeltagen gesät, gedeihen besser als Vergleichsanbau an ungünstigen Tagen (z.B. Blütentagen).

Allgemeines zur Erzeugung von gesunden Lebensmitteln

ES GIBT DERZEIT KALENDER VON MARIA THUN UND
JOHANNA PAUNGGER & THOMAS POPPE.

Maria Thun galt als die »Grande Dame« des Mondgärtnerns. Sie hat schon in den 1950er-Jahren mit umfangreichen praktischen Versuchen begonnen und stellte u. a. fest, dass es die Sternbilder am Himmel sind, die auf die Pflanzen einwirken. Ihr astronomischer Kalender berücksichtigt zudem Erdnähe und Erdferne des Mondes. Die 12 Tierkreissternbilder hat Maria Thun in traditioneller Weise den Elementen Erde, Wasser, Licht und Wärme zugeordnet. Überdies unterteilt sie die Pflanzen in Wurzelfrüchte, Blattpflanzen, Blütenpflanzen und Fruchtpflanzen und ordnet diesen günstige und ungünstige Anbau- und Erntezeiten zu.

Der große Erfahrungsschatz von Maria Thun macht den Kalender ganz besonders wertvoll!

Johanna Paungger & Thomas Poppe haben einen im Handel befindlichen Mondkalender unter dem Namen *Vom richtigen Zeitpunkt* herausgegeben. Es handelt sich dabei um einen astrologischen Mondkalender. In der astrologischen Beobachtungsweise sind Sonne, Mond und Planeten die Zeiger und die Sternbilder am Himmel das Zifferblatt der kosmischen Uhr. Sie geben uns Menschen Hinweise darüber, welche Qualität die Zeit hat. Für die astrologische Beurteilung sind die Tierkreiszeichen von großer Bedeutung. Diese entsprechen nicht mehr den sichtbaren Tierzeichen am Himmel. Die Ursache liegt in der allmählichen Verschiebung des Frühlingspunktes. Dieser wandert alle 2.160 Jahre um ein Zeichen. Die Astrologie arbeitet nach dem Stand des Himmels, wie er vor über 2.000 Jahren war. Die Astronomie geht jedoch von den tatsächlich sichtbaren und messbaren Planeten aus. Astronomische Kalender sind daher zuverlässiger.

Welchen Kalender sollten Sie verwenden?

Wenn Sie mit der Arbeit von Rudolf Steiner, dem Gründer der Anthroposophie, vertraut sind und mit biologischen, dynamischen Kompostpräparaten arbeiten wollen, so ist der Thun-Aussaatkalender ein ganz vorzüglicher Ratgeber. Der Großteil experimenteller Arbeiten zur Frage des Mondeinflusses auf das Pflanzenwachstum baut auf den Ausführungen Dr. Rudolf Steiners auf. Im Jahr 1924

Allgemeines zur Erzeugung von gesunden Lebensmitteln

hielt Rudolf Steiner den »Landwirtschaftlichen Kurs« unter dem Titel »Geisteswissenschaftliche Grundlagen zum Gedeihen der Landwirtschaft« auf dem *Gut Koberwitz* östlich von Breslau ab. Damit legte er auch die Grundlagen für die biologisch-dynamische Anbauweise.

Fasziniert Sie jedoch die Astrologie, dann dürfte der astrologisch orientierte Kalender von Paungger & Poppe die richtige Wahl sein.

Die Unterschiede zwischen dem Thun-Aussaatkalender und jenem von Paungger & Poppe und ähnlichen Kalendern kommen deshalb zustande, da letztere die Berechnung der Tage nach der Weltraumbehörde (*NASA*) übernehmen. Die *NASA* gibt nur die Tage und nicht, wie Thun, die genauen Stunden des Wechsels an – sie buchen also vor und zurück. Thun gibt in ihrem Aussaatkalender zusätzlich auch die Eigenschaften von Planeten an.

Die Arbeit mit dem Mond bringt nur dann Erfolg, wenn grundlegende Pflanzenbedürfnisse, wie Licht, Temperatur, Feuchtigkeit und ausgewogene organische Düngung, beachtet werden. Es gibt auch wissenschaftliche Arbeiten, die sich mit dem Einfluss der Sternenkonstellation auf das Pflanzenwachstum beschäftigen. Die Erkenntnisse decken sich jedoch nicht immer mit den Erfahrungen der Mondgärtner.

Allen Kalendern ist gemeinsam, dass sie sich als sehr praktische Ratgeber in gärtnerischer Hinsicht erweisen. Versuchen Sie deshalb, die »Kraft des Mondes« so gut wie möglich zu nutzen!

Alte Bauernregel: Säe und pflanze stets bei zunehmendem Mond, wenn die oberirdischen Teile (Früchte, Blätter) genutzt werden. Bei abnehmendem Mond sät und pflanzt man, wenn die Wurzeln oder Teile derselben verwendet werden. Bei Vollmond oder Neumond soll man nach Möglichkeit keine Arbeiten an den Pflanzen durchführen.

Gentechnik ist keine Lösung

Mithilfe der modernen Gentechnik versuchen Forscher das Problem von Schädlingen und Krankheiten zu meistern. Doch auch bei gentechnisch veränderten Pflanzen kann nicht generell auf ungeliebte Chemikalien verzichtet werden. Ein neuer Bericht zeigt, dass der Einsatz von gentechnisch veränderten Pflanzen in den USA sogar zu einem erhöhten Verbrauch von Pestiziden geführt hat. So verringert sich der Spritzmitteleinsatz zwar in den ersten drei Jahren, schnellt danach aber wieder explosionsartig in die Höhe *(BioNachrichten 2006)*.

Das Thema Gentechnik wirft eine Fülle ethischer, medizinischer, ökologischer, ökonomischer und sozialer Fragen auf. Agrarindustrie und Politik hoffen auf das große Geschäft und verbreiten Euphorie. Mit dieser »Zukunftstechnologie« werde es möglich, Pflanzen und Tiere maßgeschneidert an die Bedürfnisse von Produzenten und Verbrauchern anzupassen, den Hunger zu besiegen sowie menschliches Leid zu lindern.

Bisher hat keine Agrarrevolution das Problem des Welthungers lösen können. Die Ursachen des Hungers sind nicht primär produktionstechnische, sondern politische und soziale Probleme (Armut, ungerechte Verteilung der Güter, Korruption, Mangel an Bildung und hohe Verluste nach der Ernte). Gentechnisch erzeugte Lebensmittel werden auch von der Bevölkerung mit einer Mehrheit von über 70% abgelehnt *(Ökologie & Landbau 4/2006)*. Mit steigendem Wissensstand der Menschen nimmt die Ablehnung zu und nicht, wie erhofft, ab.

Weltweit wurden bereits über 100 Sorten von Nutzpflanzen gentechnisch verändert. Darunter sind Sojabohne, Mais, Baumwolle, Raps, Kartoffel, Tomaten, Reis, Weizen, Melone, Zucchini und Zuckerrübe. Über 90% aller Nutzflächen mit gentechnisch veränderten Pflanzen *(GVO)* liegen in den USA, Argentinien, Kanada

Allgemeines zur Erzeugung von gesunden Lebensmitteln

und China. Weitere Anbauländer sind Brasilien, Indonesien, Uruguay, Mexiko, Australien, Japan, Südafrika, Spanien, Rumänien, Bulgarien und Ukraine. 2017 wurden weltweit auf 191 Millionen Hektar in insgesamt 29 Ländern gentechnisch veränderte Pflanzen angebaut. Der Zuwachs war in Entwicklungs- und Schwellenländern besonders hoch. In den USA beträgt der Anteil an GVO bei Soja, Mais und Baumwolle bereits über 90 %. Leider wird wohl auch die große Uninformiertheit der Bevölkerung über Gentechnik ausgenützt, deshalb ist es wichtig, dass wir uns über die Gefahren der Gentechnik bewusst werden und Wissen weitergeben.

Unerwartete Reaktionen auf GVO

In den USA wurde ein gentechnisch erzeugtes Rinderwachstumshormon an Milchkühe zur Steigerung der Milchleistung verfüttert. Die Milchproduktion erhöhte sich, jedoch litten die Tiere an unterschiedlichen Krankheiten, insbesondere Stoffwechselerkrankungen, Euterentzündungen und Fruchtbarkeitsstörungen. Ferner kam es bei Kälbern gehäuft zu Missbildungen.

Transgener Mais und transgene Kartoffeln zeigten in Untersuchungen mit bildschaffenden Methoden einen Vitalitätsverlust von 50 % gegenüber konventionellen gentechnikfreien Proben (*FiBL-Dossier Nr. 3/2003*). Verwilderter Gen-Raps in Kanada ist gegen drei Herbizide resistent und hat sich zu einem der schlimmsten Unkräuter entwickelt.

Genmodifiziertes Saatgut oder das Herbizid im Blut

Ein erheblicher Teil des Tierfutters besteht aus Soja und Mais. Es wird oft aus den USA importiert, wo diese beiden Pflanzen aus genmodifiziertem Saatgut heranwachsen. Ob diese Pflanzen für Tier und Mensch schädlich sind, ist noch nicht geklärt und leider deutet vieles darauf hin.

Allgemeines zur Erzeugung von gesunden Lebensmitteln

Das Unkrautvernichtungsmittel Glyphosat hat besonders verheerende Wirkungen. Glyphosat ist ein systemisch wirkendes Breitbandgift gegen fast alle grünen Pflanzen. Die Hälfte der rund 800.000 Tonnen des Herbizids wird in China produziert. Das Getreide wird kurz vor der Ernte mit diesem Mittel eingesprüht, dadurch kommt es zu einer Abreifebeschleunigung. Die Folgen sind, dass die zu erntenden Pflanzen gleichmäßig absterben und die Ernte einheitlich trocknet. Sikkation nennen Experten diesen Vorgang. Der Wirkstoff Glyphosat gelangt in weiterer Folge in das Futter der Tiere und über Milch und Fleisch in die Nahrungskette des Menschen. Die bekanntesten Glyphosat-Herbizide sind die von Monsanto (wurde 2018 um 63 Milliarden Dollar von der Bayer AG übernommen) hergestellten Roundup-Produkte. Diese werden auch in vielen Kleingärten und bei der Stadtpflege eingesetzt. Das Mittel konnte nicht nur im Fett und Fleisch der Tiere, sondern ebenso im Blut von Bauern und schwangeren Frauen nachgewiesen werden. Auch bei Säuglingen konnte Glyphosat im Blut festgestellt werden. Untersuchungen ergaben, dass auch Personen die keinen direkten Kontakt mit kontaminierten Futtermitteln oder Glyphosat-Präparaten haben, diesen Wirkstoff im Urin hatten *(Ithaka Journal 1/2011)*.

Indische Forscher züchteten Gentomaten, die 45 Tage fest bleiben. Sie unterdrückten zwei Enzyme, die bei der Reifung vermehrt auftreten (Institut für Pflanzenforschung Neu-Delhi). Diese zwei Enzyme kommen auch bei Obst wie Bananen vor, man will daher die Erfahrung auch auf diese übertragen *(Salzburger Nachrichten, 2.2.2010)*.

Die Amerikanische Akademie für Umweltmedizin warnt vor gesundheitlichen Risken durch genmanipulierte Nahrungsmittel. Sie stützt sich dabei auf Ergebnisse mehrerer Tierversuche. Dort konnten Unfruchtbarkeit, Leber- und Nierenschäden nachgewiesen werden sowie negative Auswirkungen auf das Immunsystem. Es sei

Allgemeines zur Erzeugung
von gesunden Lebensmitteln

biologisch plausibel, dass gentechnisch veränderte Lebensmittel auch die menschliche Gesundheit negativ beeinflussen können.

Genfood stelle in Bereichen Allergie, Immunfunktion, Fruchtbarkeit und Stoffwechsel ein ernsthaftes Gesundheitsrisiko dar *(Natürlich Gärtnern 1/2010)*.

Neue Studien legen zudem den Verdacht nahe, dass genetisch modifizierte Pflanzen und Gennahrung ernst zu nehmende ökologische und gesundheitliche Folgen haben können, die nie wieder rückgängig zu machen sind. Kein Labor der Welt ist in der Lage, die Vielfalt der Natur zu simulieren. Es ist daher bewusst irreführend, von »sicheren GVO« zu sprechen. Eine Rückholbarkeit auftretender Schäden durch die Gentechnik ist rein theoretischer Natur.

Die Auswirkungen von gentechnisch veränderten Lebensmitteln auf die Gesundheit sind also noch nicht geklärt. Der Großversuch mit Menschen, ob gentechnisch veränderte Lebensmittel sicher sind oder nicht, läuft deshalb außerhalb der Labors und ohne Einwilligung der menschlichen Testpersonen ab. Agrar-Gentechnik ist der Schlüssel zum Separée der Mächtigen, die sich darüber freuen, wie sie Abhängigkeit produzieren, um Mensch und Natur noch mehr beherrschen zu können.

Wir würden auch gut daran tun, uns zu erinnern, dass Saatgut ein Kulturgut und kein Wirtschaftsgut ist. 2011 haben 5 Millionen brasilianische Bauern den US-Saatgutriesen Monsanto, die Nr. 1 auf dem Markt für gentechnisch manipuliertes Saatgut, auf 6,2 Milliarden Euro geklagt. Der Grund? Das Unternehmen verlangt Lizenzgebühren für jede Erntegeneration. Die Bauern befinden sich somit im Würgegriff des Unternehmens. Das Gericht gab den Bauern vorerst Recht.

GENTECHNIK IST KEINE LÖSUNG

Allgemeines zur Erzeugung von gesunden Lebensmitteln

Ein anderes Beispiel: Österreich importiert jährlich ca. 540.000 Tonnen Soja-Schrot oder Soja-Presskuchen. Geschätzte 80 % davon sind gentechnisch veränderte Futtermittel. In Österreich ist der Anbau von gentechnisch veränderten Pflanzen verboten, aber nicht deren Import!

Zirka 90 % des in Österreich angebotenen Schweinefleisches stammt von Tieren, die mit Gentechnik-Soja aus Übersee gefüttert wurden *(orf.at, 7.11.2019)*.

Wie kann man sich vor gentechnisch manipulierten Lebensmitteln schützen? Der Verbraucher hat die Möglichkeit, Produkte aus der biologischen Produktion und entsprechend gekennzeichnete gentechnikfreie Erzeugnisse zu kaufen. Die Entscheidung liegt bei Ihnen – nehmen Sie sie wahr!

Alle Dinge sind verwoben. Was der Erde geschieht, geschieht auch ihren Kindern. Der Mensch hat das Netz des Lebens nicht gewoben, er ist nur ein kleiner Strang darin. Was immer er dem Netz antut, tut er sich selbst an.

HÄUPTLING SEATTLE 1786–1866

RECHTS
Wollen wir es so?

Natürlicher Pflanzenschutz aus der eigenen Gartenapotheke

Natürlicher Pflanzenschutz
aus der eigenen Gartenapotheke

Krankheitserreger, Schädlinge und Nützlinge an Pflanzen

Pflanzen können genauso wie Menschen und Tiere krank werden. Verursacher sind im Prinzip sehr ähnliche Erreger, nämlich Bakterien, Pilze oder Viren, aber auch Ungeziefer. Die Symptome von Krankheiten sehen bei Pflanzen natürlich völlig anders aus.

Manche Pflanzen sind besonders anfällig für Viren, Bakterien, Pilze oder Ungeziefer. Andere scheinen dagegen völlig robust zu sein. Verglichen mit dem Menschen könnte man sagen, dass dies mit den körpereigenen Abwehrkräften zusammenhängt. Menschen, die ein starkes Immunsystem haben, widerstehen vielen Krankheitserregern, ein müdes Immunsystem öffnet Viren hingegen Tür und Tor. Die anfälligen Kandidaten bei den Pflanzen sind genau die, die übergroße Blüten oder Früchte tragen. Diese »Überzüchtungen« gehen sehr oft zulasten der Abwehrkräfte. Die hochgezüchteten Pflanzen trifft man aber leider auch immer häufiger in unseren Gärten an. Das übelste Beispiel solcher Züchtungen sind wohl nach wie vor die billigen Massentomaten. Zu Recht werden sie gern als »geschmacksneutrale Wassersäcke« bezeichnet. Solche Pflanzen oder Ernteprodukte schmecken nicht nur schlecht; sie müssen wegen ihrer Anfälligkeit auch besonders »unterstützt« werden, und zwar mit Düngern und Mitteln gegen Viren, Bakterien, Pilze, Insekten etc.

Bakterien

Bakterien sind Einzeller, besitzen eine feste Zellwand und können intakte Zellwände nicht durchdringen. Sie gelangen durch Wunden und Spaltöffnungen in die Pflanzen. Die Vermehrungsgeschwindigkeit ist abhängig von der Bakterienart, dem jeweiligen Nährboden und den Umweltfaktoren. So können durch Bakterieninfektionen bei Kreuzblütlern (z.B. Karfiol, Kohlrabi) an den äußeren Blättern

Natürlicher Pflanzenschutz aus der eigenen Gartenapotheke

zunächst kleine wässrige Flecken entstehen, die sich bald dunkelblau und violett verfärben. Bei Tomaten kann es durch Bakterieninfektion zu Tomaten-Fleckenkrankheit, der sogenannten Tüpfelschwärze, kommen. An den Blattstielen und -stängeln entstehen dunkelbraune, streifige Verfärbungen. Auf den Früchten sind scharf begrenzte, tüpfelartige, 1 bis 3 mm große schwarze Flecken feststellbar. Bakterienkrankheiten der Gemüsepflanzen zeigen sich häufig in Form von Nass- oder Weichfäule.

Pilze

Pilze der verschiedenartigsten Formen und Lebensweisen können im Hausgarten ebenfalls eine Vielzahl von Krankheiten verursachen. Durch Pilze kommt es zu unterschiedlichsten Krankheitserscheinungen an Wurzeln, Stängeln, Blättern und Früchten. Besonders gefürchtet ist der Mehltaupilz in allen seinen Varianten. Man unterscheidet zwischen Echtem und Falschem Mehltau. Mehltaupilze entnehmen mithilfe spezieller Saugorgane (Haustorien) aus der äußeren Zellschicht der Wirtspflanze die benötigten Nährstoffe.

Beim Echten Mehltau setzt sich der Pilz an der Blattoberseite fest. Die Pflanzenteile sehen wie mit Mehl bestäubt aus. Die Pilzentwicklung ist bei sonnigem, trockenem Wetter besonders stark. Die Pilzsporen werden durch den Wind weitertransportiert und können zu neuen Infektionen führen. Echten Mehltau findet man bei Gemüse, Kräutern, Obst, Weinreben und Zierpflanzen.

Der Falsche Mehltaupilz tritt an der Blattunterseite in die Spaltöffnungen ein. Zu Beginn der Krankheit werden blattoberseits kräftig gelb gefärbte Flecken sichtbar. Auf der Blattunterseite erscheinen die Blattflecken in fahlem Hellbraun und haben teilweise eine schwarzviolette Farbe. Durch Falschen Mehltau gefährdet sind vor allem Freiland- und Hausgurken, diese können ohne rechtzeitige Gegenmaßnahmen innerhalb einer Woche zusammenbrechen.

KRANKHEITSERREGER, SCHÄDLINGE UND NÜTZLINGE AN PFLANZEN

Natürlicher Pflanzenschutz
aus der eigenen Gartenapotheke

OBEN
Echter Mehltau ist erkennbar durch den weißen Pilzbelag an der Oberfläche.

UNTEN
Bohnenrost tritt bevorzugt an Stangenbohnen auf.

KRANKHEITSERREGER, SCHÄDLINGE UND NÜTZLINGE AN PFLANZEN

Natürlicher Pflanzenschutz aus der eigenen Gartenapotheke

OBEN
Sternrußtau an Rosen: große, runde gelbe und schwarze Flecken, Sporen sind flugunfähig.

UNTEN
Rosenrost: Pusteln, an der Unterseite orangerot, werden später braun.

Natürlicher Pflanzenschutz
aus der eigenen Gartenapotheke

Auch andere Gemüsekulturen, Weinreben und Rosen können unter Falschem Mehltau leiden. Eine große Gefahr für die Ausbreitung der Pilzsporen besteht in nassen Jahren oder bei starker Taubildung (Infektionszeit vier bis sechs Stunden).

Gefürchtet ist auch die Kraut- und Braunfäule bei Tomaten sowie die Kraut- und Knollenfäule der Kartoffeln. Der verantwortliche Pilz verursacht Schäden an den Blättern und Früchten. Auf den Blattoberseiten der älteren Tomatenblätter entstehen graugrüne, später braun werdende Flecken. Auf der Unterseite der befallenen Blätter ist ein grauweißer Schimmelrasen zu erkennen. An den Früchten entstehen eingesunkene Flecken, die ins Fruchtfleisch hineinreichen. Die Pilzsporen werden durch Wind und Regentropfen sowie starke Taubildung verbreitet. Freilandtomaten sind besonders gefährdet. Werden vorbeugend keine Maßnahmen getroffen, so ist bei starkem Infektionsdruck innerhalb von 14 Tagen ein Totalausfall möglich. Tomaten und Kartoffeln sollte man daher nicht in enger Nachbarschaft pflanzen.

Viren

Viren können in allen lebenden, aber auch eine gewisse Zeit lang in abgestorbenen Pflanzenteilen oder im Boden überdauern. Eine beträchtliche Anzahl von Gemüseviren wird mit dem Samen übertragen. Viren haben keinen eigenen Stoffwechsel. Ihre Vermehrung ist nur in lebenden Zellen möglich. Auf welche Weise Viren Pflanzen krank machen, ist im Einzelfall noch weitgehend unbekannt. Viren können nur aktiv in die Pflanzen eindringen. Um eine Pflanze zu infizieren, benötigen sie eine Wunde im Gewebe. Für die Virusübertragung sind eine Reihe von Insekten, Milben und Nematoden verantwortlich. Auch der Mensch kann durch Pflegemaßnahmen der Kulturen zur Verbreitung der Viren beitragen. Es gibt bis heute fast 1.000 verschiedene Pflanzenviren.

KRANKHEITSERREGER, SCHÄDLINGE UND NÜTZLINGE AN PFLANZEN

Natürlicher Pflanzenschutz aus der eigenen Gartenapotheke

OBEN
Freilandtomaten leiden häufig stark unter Kraut- und Braunfäule.

UNTEN
Ein einfacher Regenschutz bewahrt Tomaten sehr gut vor Krautfäule.

KRANKHEITSERREGER, SCHÄDLINGE UND NÜTZLINGE AN PFLANZEN

Natürlicher Pflanzenschutz
aus der eigenen Gartenapotheke

Das Krankheitsbild wechselt von Art zu Art und ist vom Infektionszeitpunkt und von zahlreichen äußeren Faktoren abhängig. So kann es durch das Tabaknekrosenvirus an Gurken zu nekrotischen Blattflecken kommen. Das *Zucchini-Gelbmosaik* tritt fast an allen Gurkengewächsen auf. Charakteristische Symptome: Die Blätter sind gelb gescheckt und im Randbereich blasig aufgetrieben. Die Früchte sind stark beulig und verdreht.

LINKS
Von Zucchini-Gelbmosaik-Viren befallene Früchte.

Natürlicher Pflanzenschutz aus der eigenen Gartenapotheke

Schädlinge

Neben den echten Krankheitserregern können Pflanzen auch an Ungeziefer leiden. So saugen Blattläuse oft gleich in Massen an unseren Pflanzen und schwächen sie dadurch enorm. Je nach Blattlaus- und Kulturart schaden die Tiere vorwiegend durch Saftentzug, Virusübertragung oder durch Ausscheiden von Honigtau und somit Ernteverschmutzung (Rußtaubildung). Woll- und Schmierläuse bilden Knäuel von weißen, watteähnlichen Fäden (Wachsausscheidungen). Blattläuse vermehren sich bei günstigen Voraussetzungen sehr rasch, es gibt ca. 850 Blattlausarten in Mitteleuropa. Blattläuse haben mehrere Generationen im Jahr und können innerhalb weniger Tage die Populationsdichte vervielfachen.

Milben saugen ebenfalls an Pflanzensäften. Sie gehören anders als Läuse, Erdflöhe, Raupen oder Weiße Fliegen nicht zu den Insekten, sondern zu den Spinnentieren. Spinnen werden oft fälschlicherweise für Insekten gehalten. Ein einfaches Unterscheidungskriterium ist die Zahl der Beine beim erwachsenen Tier. Spinnentiere haben davon acht an der Zahl, bei den Insekten sind es nur sechs. Pflanzenschädigende Milben stechen das Blattgewebe mit den Stechborsten an und saugen den Zellinhalt aus. Im Hausgarten kann oft größeres Auftreten von Spinnmilben festgestellt werden.

RECHTS
Erdflohschaden an einer Chinakohlpflanze.

KRANKHEITSERREGER, SCHÄDLINGE UND NÜTZLINGE AN PFLANZEN

Natürlicher Pflanzenschutz
aus der eigenen Gartenapotheke

104

OBEN
Apfelwolllaus, die rötlichen Blutläuse befinden sich unter den weißen Wollknäueln.

LINKS
Ameisen halten sich Blattlauskolonien, die sie wie eine »Kuhherde« pflegen und melken.

RECHTS
Der Kohlherniepilz führt zu starken Wurzelwucherungen. Die Dauersporen können bis zu 20 Jahre im Boden verbleiben.

UNTEN
Johannisbeerblasenlaus – tritt hauptsächlich an roten und weißen Sorten auf.

KRANKHEITSERREGER, SCHÄDLINGE UND NÜTZLINGE AN PFLANZEN

Natürlicher Pflanzenschutz aus der eigenen Gartenapotheke

OBEN LINKS
Schwebefliege – in Mitteleuropa sind ca. 800 verschiedene Schwebefliegenarten anzutreffen.

OBEN RECHTS
Marienkäfer sind fleißige Läusejäger. Sie fressen pro Tag durchschnittlich 120 Blattläuse.

LINKS
Florfliegen sind ganz wertvolle Nützlinge für die Regulierung von Blattläusen.

RECHTS
Die Larve des Marienkäfers wird auch Blattlauslöwe bezeichnet. Bis zur Verpuppung werden 400 bis 800 Blattläuse vertilgt.

Lichtverschmutzung

Lichtverschmutzung ist nicht nur in Städten und Siedlungen zu einem großen Störfaktor geworden, sondern auch im Hausgartenbereich. Als Lichtverschmutzung bezeichnet man die Überlagerung von natürlichem Licht durch Kunstlicht. Die Aufhellung des Nachthimmels durch künstliche Beleuchtung hat auf die Pflanzen- und Tierwelt eine Vielzahl von negativen Auswirkungen. Tiere und auch Pflanzen sind auf die Unterschiede von hell und dunkel angewiesen; ein Fehlen dieser Unterschiede erzeugt Stress. Lichtverschmutzung bringt den Biorhythmus von Säugetieren, Vögeln und Insekten massiv durcheinander. Künstliches Licht stört beispielsweise nachtaktive Tiere beim Bestäuben von Pflanzen, wodurch der Ertrag an Samen und Früchten reduziert wird. Wussten Sie, dass etwa 80 % der Schmetterlinge nachtaktiv sind?

TIPPS ZUR VERMEIDUNG VON LICHTVERSCHMUTZUNG
- Reduzieren Sie die Lichtdauer und Lichtintensität im Außenraum auf das notwendigste Maß.
- Verwenden Sie Lampen, die nicht nach oben strahlen.
- Bevorzugen Sie warmweiße LED-Leuchten, da diese energiesparend und tierfreundlich sind.
- Verwenden Sie keine Lichtfallen im Außenraum. Eine Untersuchung des Deutschen Naturschutzbundes hat ergeben, dass 98,6 % der getöteten Tiere Nachtfalter und harmlose Zweiflügler sind – und nur 1,4 % die gefürchteten Gelsen.

Wir alle sollten uns um die Zukunft sorgen, denn wir werden den Rest unseres Lebens darin verbringen.
CARLES F. KETTERING

Natürlicher Pflanzenschutz aus der eigenen Gartenapotheke

Eine echte Alternative zu chemischen Produkten sind Naturstoffe, deren Wirkung in manchen Fällen jedoch noch nicht eindeutig wissenschaftlich belegt ist. Beim Auftreten von Krankheiten und Schädlingen stellt sich der Biogärtner zuerst die Frage nach den Ursachen und sucht nach Möglichkeiten, solche Schädigungen in Zukunft zu verhindern. Der Pflanzenschutz beginnt somit nicht erst mit dem Auftreten eines Schadens, sondern fordert Gegenmaßnahmen, schon lange bevor die Kultur im Garten steht. Wichtig ist es daher, vorbeugende Strategien zu treffen. Diese schließen alle Tätigkeiten ein, welche die Entwicklung einer gesunden, robusten und widerstandsfähigen Pflanze fördern. Dadurch soll der Befall mit Schadorganismen oder das Auftreten von physiologischen Störungen verhindert bzw. abgeschwächt werden.

Was sind Pflanzenstärkungsmittel?

Pflanzenstärkungsmittel sind dazu bestimmt, die Widerstandskraft der Pflanzen gegen Schadorganismen zu erhöhen und vor nichtparasitären Beeinträchtigungen zu schützen. Viele Rezepturen und Einsatzmöglichkeiten von Pflanzenstärkungsmitteln und Pflanzenpflegemitteln sind nicht nur in älteren Gartenbüchern nachzulesen. Auch in neuen Fachunterlagen wird darauf näher eingegangen und deren Einsatz positiv beurteilt. Zusätzlich nimmt sich auch die Wissenschaft verstärkt dieser Geheimnisse an und kommt immer wieder zu für sie verblüffend guten Ergebnissen. Diese Symbiose zwischen praktischer Erfahrung und positiver wissenschaftlicher Untersuchung macht Pflanzenstärkungsmittel aktueller denn je für umweltbewusste, nachhaltig wirtschaftende Gärtner und Landwirte. Der Großteil der Versuchsergebnisse und praktischen Erfahrungen liegt bis jetzt im biologischen Gemüse-, Obst- und Weinbau vor.

Natürlicher Pflanzenschutz aus der eigenen Gartenapotheke

Fachliche Probleme:

Besonders schwer fällt es oft Experten, aber auch Gärtnern und Landwirten, sich das für einen erfolgreichen Biolandbau erforderliche Kreislaufdenken anzueignen. Ein lineares Denken ist ausschließlich diagnoseorientiert. Das nichts anderes bedeutet, als dass man in ein »Symptom-Mittel-Symptom-Mittel«-Denken abgleitet. Ein Weg, der in der konventionellen Bewirtschaftung üblich ist – aber im biologischen Landbau sehr hinderlich und nicht zielführend ist.

Der Einsatz von Chemikalien hat negative Folgen, die erst teilweise bekannt sind. Daher sollte man verstärkt selbst angefertigte Pflanzenstärkungsmittel einsetzen. Diese helfen den Pflanzen wunderbar und haben keine schädlichen Auswirkungen auf die Gesundheit von Mensch und Tier. Auch Grundwasser und der Naturhaushalt werden nicht durch unnnötigen chemischen Einsatz belastet.

Immer mehr ökologisch arbeitende Gärtner und Landwirte schätzen daher die natürlichen Pflanzenauszüge aus der eigenen Gartenapotheke oder kaufen die entsprechenden Kräuter zu.

Grundlagen – Vorbeugung

Wenngleich ein Garten sehr individuell gestaltet werden kann, so gibt es doch einige Grundregeln, deren Beachtung vor mancher Enttäuschung sowie vor zeitraubenden und kostspieligen Fehlern bewahren. Vorrangiges Ziel zur Förderung der Pflanzengesundheit ist es, Pflanzen heranzuziehen, die aus eigener Kraft Krankheiten und Schädlingen widerstehen.

Natürlicher Pflanzenschutz aus der eigenen Gartenapotheke

SCHÄDLINGE UND KRANKHEITEN KÖNNEN BEVORZUGT AUFTRETEN, WENN NUTZPFLANZEN

- mit künstlichen Düngergaben zu stark getrieben werden.
- zu wenig Nährstoffe, Licht und Wasser zur Verfügung haben.
- in falscher Pflanzennachbarschaft oder in Monokultur stehen, da der mehrmalige Anbau derselben Pflanzenart oder naher verwandter Arten auf gleichen Flächen häufig zu einer Übervermehrung von Schädlingen und Krankheitserregern führt.
- durch Immissionen (Luft-, Boden- und Wasserverunreinigungen) geschädigt sind.
- durch einseitige Züchtung degeneriert sind.
- durch unsachgemäße Bodenbearbeitung geschädigt werden.
- extremen Witterungsverhältnissen ausgesetzt sind.

MASSNAHMEN ZUR VORBEUGUNG

- Dem Standort, ob sonnig oder schattig, geschützt oder exponiert, sowie den Feuchtigkeits- und Bodenverhältnissen ist beim Kauf von Pflanzen und Samen Rechnung zu tragen.
- Der Standort sollte der Pflanze entsprechen und nicht dem Gärtner oder Landwirt.
- Der Zeitpunkt der Saat oder der Pflanzung soll den Kulturansprüchen angepasst sein.
- Bei der Auswahl des Saat- und Pflanzgutes sollte man auf widerstandsfähige Sorten achten. Hybrid-Saatgut sollte nur in Ausnahmefällen verwendet werden, da es keinen Samen hervorbringt, der wieder eingesetzt werden kann.
- Auf einseitige, künstliche Düngergaben verzichten. Die richtige Ernährung der Pflanzen ist die Grundlage für ein gesundes Wachstum und damit auch für reiche Ernten an gesundem Gemüse und Obst.
- Berücksichtigung von günstigen Aussaat- und Pflanztagen ist äußerst vorteilhaft (Aussaatkalender).

GRUNDLAGEN – VORBEUGUNG

Natürlicher Pflanzenschutz aus der eigenen Gartenapotheke

- Zur Düngung und als vorbeugenden Pflanzenschutz Pflanzenstärkungsmittel wie Kräuterjauche und Brühe verwenden.
- Naturgemäße Bodenpflege mit Kompost, Mulch und Gründüngung betreiben, wobei gute Komposterde der wertvollste Zuschlagsstoff ist, den man Gartenböden verabreichen kann.
- Mulchdecke zum Schutz des Bodens anlegen.
- Wildkräuter im Garten dort dulden, wo sie nicht stören.
- Für ausreichend Abstand und ausgiebige Sonnenbestrahlung sorgen.
- Möglichst vormittags direkt in den Wurzelbereich gießen (ausreichend!).
- Durch naturnahe Gartengestaltung das ökologische Gleichgewicht fördern.
- Den Pflanzen die nötige Zuwendung und Liebe zuteilwerden lassen. Im Gegenzug wachsen Pflanzen besonders kräftig, bilden schönere Blüten und entwickeln bessere Abwehrkräfte gegen Krankheiten und Schädlinge. Eine Studie, die der Bayrische Rundfunk durchführte, bestätigte diese Ergebnisse. Der viel zitierte Grüne Daumen ist also nicht Fiktion, sondern Faktum.
- Hygienemaßnahmen, wie Baumschnitt und das Aufsammeln und Entsorgen von kranken Pflanzenteilen bzw. ganzen Pflanzen, wenn diese durch bodenbürtige Erreger (z.B. Kohlhernie) geschädigt wurden, regelmäßig und im Bedarfsfall durchführen.
- Nützlinge fördern (z.B. Marienkäfer, Florfliegen, Raubmilben, Ohrwürmer).
- Gelbtafeln gegen Kirschfliegen und Blattläuse aufhängen.
- Im Gewächshaus ist der Einsatz von Blautafeln gegen erwachsene Thripse zu empfehlen.

Zusätzlich zu diesen Grundlagen ist zu beachten, dass die Pflanzen großer Belastung durch verschmutzte Luft, Umweltgifte, humusarmen Boden und sauren Regen ausgesetzt sind. Saurer Regen führt zur Versauerung der Böden und schädigt auch die Wachsschicht der Blätter. Dadurch wird die Widerstandskraft der Pflanzen geschwächt und sie werden anfälliger für Schädlinge und Krankheiten.

Natürlicher Pflanzenschutz aus der eigenen Gartenapotheke

Erhebliche Ernteverluste können durch die hohe Ozonbelastung auftreten. Je sonniger der Sommer, desto rascher wächst die Belastung. Die Vegetation gerät unter Druck. Mit Sicherheit schädigend ist eine Dauerbelastung mit 0,06 mg Ozon (8-Stunden-Mittelwert) während der Vegetationszeit (März bis September). Der Mensch dürfte langfristig eine doppelte Reizgasdosis vertragen. Die WHO (Weltgesundheitsorganisation) geht davon aus, dass unter 0,12 mg Ozondauerbelastung keine Gesundheitsschäden auftreten.

Die Pflanze ist also empfindlicher als der Mensch. Die Vitalität ist schon lange geschwächt, bevor Schäden sichtbar werden. Ozonschäden zeigen sich stets zuerst auf der Blattoberseite. Meist entstehen fleckenartige Verätzungen auf Blattober- und Blattunterseite. Als besonders empfindlich gelten Bohnen (es entstehen bronzefarbene sowie rotbraune Färbungen), Mais, Spinat, Tomaten, Zwiebeln, Radieschen. Verschärfend wirkt außerdem, dass ozongestresste Pflanzen zusätzlich immer mehr Luftschadstoffe aufnehmen. Zudem steigt dadurch die Anfälligkeit gegenüber Schädlingen, etwa Pilzen.

Ozon kann neben dem Pflanzenwachstum auch die Qualität, Lagerfähigkeit und Nährstoffzusammensetzung negativ beeinflussen. Neben der Ozonbelastung macht eine zu hohe atmosphärische CO_2-Konzentration vielen Pflanzen schwer zu schaffen. Bei Tomaten kommt es zu Chlorose und zum Aufrollen der Blätter.

Nach Auffassung von Prof. Dr. Wilfried Ahrens (Fachhochschule Weihenstephan) stellt der natürliche Pflanzenschutz eine äußerst wichtige Maßnahme zur Erhaltung der Gesundheit der Pflanzen dar. Nur gesunde Pflanzen können mit verschiedenen Stressfaktoren fertig werden.

Natürlicher Pflanzenschutz
aus der eigenen Gartenapotheke

Man kommt im Hausgarten auch ohne chemische Mittel gut aus, denn gefährliche Wirkstoffe lassen sich erfolgreich durch ungefährliche Alternativen ersetzen oder auch ganz vermeiden. Zum besseren Verständnis sollen am Beginn die beiden Begriffe »chemisch-synthetischer Pflanzenschutz« und »biologischer Pflanzenschutz« kurz erklärt werden.

Chemisch-synthetischer Pflanzenschutz

Bei der Pflege von Kulturen helfen sich unwissende oder schlecht informierte Gärtner und Landwirte mit auf chemischem Wege hergestellten Mitteln. Pestizide werden je nach ihren Anwendungsbereichen Insektizide, Akarizide, Molluskizide oder Fungizide genannt. Sie sind häufig giftig, sodass unerwünschte Nebenwirkungen oftmals nicht zu vermeiden sind. Ihr Einsatz bedeutet jedoch in jedem Fall einen starken negativen Eingriff in die ökologischen Verhältnisse und kann sich über die Nahrungskette bis zum Menschen hin auswirken.

Bei der Anwendung von Pestiziden treten zusätzlich unerwünschte Nebenwirkungen auf. Kinder sind aufgrund ihres Körpergewichtes einem höheren Risiko durch Pflanzenschutzmittelrückstände ausgesetzt als Erwachsene. Durch Windabtrag, Verflüchtigung und Abdrift gelangen bis zu 95 % (!) der Wirkstoffmenge von Pflanzenschutzmitteln bei der Anwendung in die Atmosphäre. Dadurch ist eine flächenhafte und großräumige Ausbreitung der Pestizidwirkstoffe möglich. Dass Pestizide über weite Strecken auf dem Luftweg verfrachtet werden können, wurde beispielsweise durch Funde von *DDT* (einem Insektizid, das seit Anfang der 1940er-Jahre zur Schädlingsbekämpfung und zur Bekämpfung des Malariaerregers eingesetzt wurde und teilweise immer noch wird) im arktischen und antarktischem Eis bewiesen.

Paracelsus sagte: »Alles was gegen die Natur geschieht, macht krank«

Natürlicher Pflanzenschutz aus der eigenen Gartenapotheke

Laut *FAO* (Ernährungs- und Landwirtschaftsorganisation der Vereinten Nationen) haben 115 Unkrautarten, 150 Krankheiten und 520 Schädlinge bereits Resistenzen gebildet. Das große Angebot an chemisch-synthetischen Pflanzenschutzmitteln hat dazu geführt, dass viel Wissen und ein großer Erfahrungsschatz über die natürlichen Zusammenhänge verloren gegangen ist. Der Weltmarkt für Pflanzenschutzmittel stieg in den Jahren 2001 bis 2017 von 32,5 auf 47,62 Milliarden Dollar.

Die derzeit üblichen Analysemethoden in unseren Lebensmitteln täuschen oft erheblich niedrigere Rückstandsbelastungen vor als tatsächlich vorhanden sind, da sie in erster Linie die unveränderte Ausgangssubstanz umfassen. Und hier liegt der »Knackpunkt«: Pflanzen binden gefährliche, giftige Substanzen an Zellbestandteilen, um sie unschädlich zu machen. So geht für die Pflanze auch die akute Giftwirkung verloren. Die Wartezeit (Karenzzeit) bei chemischen Pflanzenschutzmitteln gibt also nur an, dass die freien Rückstände unter einen gewissen Grenzwert abgesunken sind. Somit gibt die Wartefrist die minimale Zeit an, die nach einer Pestizidanwendung eingehalten werden muss, bis geerntet werden darf.

Die gebundenen Rückstände werden jedoch nicht erfasst. Durch radioaktive Markierungen von Pestiziden hat man auch die gebundenen Schadstoffe nachgewiesen, die, wie Vergleichstests ergaben, oft ein Vielfaches an Giften enthalten, als mit den noch jetzt üblichen Methoden festgestellt wurde. Ärzte vermuten, dass darin auch eine Begründung für die Zunahme von Allergien beim Menschen liegen könnte *(ARD-Magazin, 8. Dezember 2002)*.

Hinter dem schönen Schein von Lebensmitteln verstecken sich also oft gebundene Schadstoffe, die beim Verzehr im Körper freigesetzt werden können. Warten Sie daher lieber darauf, bis frisches Obst und Gemüse im eigenen umweltfreundlich gepflegten Garten zu

Natürlicher Pflanzenschutz
aus der eigenen Gartenapotheke

ernten ist oder beziehen Sie dieses vornehmlich aus dem Bio-Anbau. Ein Ausweg aus dieser Sackgasse ist der Einsatz von biologischen Behandlungsmitteln, also »Pflanzen schützen ohne Gift«. Intelligente Gärtner und Landwirte setzen keine chemische Keulen ein, sondern verwenden selbst gemixte oder biologische Mittel.

Der Schweizer Dr. Paul Müller hat 1939 die insektizide Wirkung von DDT als Kontaktgift entdeckt. Dafür bekam er 1948 den Nobelpreis für Medizin. Aufgrund seiner Gefährlichkeit wurde das Pestizid 1970 in Schweden, 1972 in Deutschland und 1992 in Österreich verboten. DDT belastet die Umwelt jedoch bis heute. Werden wir zu Opfern unserer eigenen Werke?

Verzichten Sie auf synthetisch Pflanzenschutz mittel – Ihr Gart wird sich freue

Einige Studien haben gezeigt, dass Menschen, die in landwirtschaftlichen Betrieben arbeiten und dabei Pestiziden ausgesetzt sind, häufiger an Parkinson erkranken. Parkinson ist in Frankreich eine anerkannte Berufskrankheit bei Winzern, Landwirten und Gärtnern.

Obwohl die landwirtschaftlich genutzten Flächen immer geringer werden, steigt der Absatz von chemisch-synthetischen Pflanzenschutzmitteln in Österreich und Deutschland an.

Biologischer Pflanzenschutz

Unter »biologischem Pflanzenschutz« verstehen wir alle umweltverträglichen Maßnahmen, welche die Gesundheit und Widerstandskraft der Kulturpflanzen fördern und gleichzeitig die Entwicklung von Schädlingen und Krankheiten hemmen. Im Ökogarten sind chemisch-synthetische Pflanzenschutzmittel grundsätzlich tabu. Schließlich gibt es ausreichend andere wirkungsvolle Möglichkeiten, Pflanzen auf natürliche Weise zu schützen und zu stärken, ohne der Umwelt zu schaden. Die Triebfeder für das Bestreben,

BIOLOGISCHER PFLANZENSCHUTZ

Natürlicher Pflanzenschutz aus der eigenen Gartenapotheke

Pflanzenschutzprobleme mithilfe biologischer Abläufe zu lösen, sind dabei die Erkenntnisse aus genauer Naturbeobachtung. In der biologischen Schädlingsregulierung ist die gute, sorgfältige Beobachtung der Kulturen unerlässlich, um Veränderungen rechtzeitig zu erkennen. Genauso wichtig ist aber die richtige Erkennung der Schadensursachen. Nur dadurch kann man rechtzeitig und richtig reagieren. Erfolgreiche Gärtner besuchen ihre Gärten täglich. Bei regelmäßigen Gartendurchgängen ist die Entwicklung und Schönheit der Pflanzen zu bewundern. Man bemerkt aber auch gleich, ob es »leidende« Pflanzen gibt. Der »grüne Daumen« des Gärtners ist daher immer gefordert.

Eine wichtige Aufgabe besteht darin, dass wir nicht zu sehr die direkte Bekämpfung der Schädlinge verfolgen, sondern dass wir die Nützlinge durch Pflege und Ausbau ihres Lebensraumes fördern. Betrachten wir ein Stück unberührter Natur. Dort tummelt sich eine Vielzahl von Insekten, Bakterien, Pflanzen und Säugetieren. Wenn niemand eingreift, sorgt die Natur für ein Gleichgewicht. Dieses Gleichgewicht unterliegt natürlichen Schwankungen. Eine Population von Tieren wird nur wachsen, solange Nahrung vorhanden ist. Gibt es viel Nahrung, wächst die Population; gibt es wenig Nahrung, werden einige Tiere sterben. Da jedes Tier ein Teil einer Nahrungskette ist, hat die Entwicklung jedes Teiles automatisch Folgen für die anderen Mitglieder dieser Nahrungskette. Der Einsatz von giftigen Spritzmitteln ist auch ein Eingriff in die Nahrungskette, da plötzlich Teile der Kette fehlen.

Beim vorbeugenden Pflanzenschutz geht es in erster Linie um die Stärkung unserer Kulturpflanzen und um die damit verbundene Verminderung der Gefahr von Schädlings- und Krankheitsbefall. Besonders wichtige Hilfsmittel für den vorbeugenden Pflanzenschutz sind verschiedene Auszüge von Kräutern und Pflanzen. *Vorbeugen ist auch im Garten besser als heilen!*

Natürlicher Pflanzenschutz aus der eigenen Gartenapotheke

Kräuter, Gemüsepflanzen und Blätter von Bäumen und Sträuchern sind für den ökologisch arbeitenden Gärtner und Landwirt unentbehrliche Dünge- und Pflanzenstärkungsmittel. Sie können geeignete Spritzbrühen aus Wild- und Gartenkräutern selber ansetzen. Obwohl diese Tatsachen seit Langem bekannt sind, herrscht bei vielen Gartenbesitzern und interessierten Gemüsebauern noch große Unsicherheit beim Ansetzen und Herstellen dieser Mittel. So werden beispielsweise die Begriffe Jauche, Brühe und Tee im täglichen Sprachgebrauch häufig verwechselt.

DIE PFLANZLICHEN MITTEL LASSEN SICH IN ZWEI GROSSE GRUPPEN EINTEILEN

A) Mittel, die Pflanzen nähren und kräftigen
B) Mittel, die Schädlinge und Krankheiten fernhalten und vertreiben

Feindbild Schädling?

Schädlinge werden, ob es sich um Insekten, Milben, Pilze usw. handelt, als willkürliche Feinde dargestellt. Wäre der Schädling jedoch ein willkürlicher Feind, gäbe es längst kein Leben mehr auf diesem schönen Planeten. Es gibt keine Art von Schädlingen, die nicht ihre Parasiten und Räuber hat. Nach wissenschaftlichen Erkenntnissen hängt die erhöhte Angriffslust der Schädlinge vielmehr mit der Ernährung der Pflanzen zusammen. Pestizide machen die Pflanzen empfindlich, indem sie ihren Eiweißaufbau hemmen. Dies wurde z.B. bei Echtem Mehltau, Botrytis (Schimmelpilze) und Milben nachgewiesen.

Wir müssen den Schädling als Indikator sehen, der uns sagt, dass der Stoffwechsel unserer Pflanze nicht in Ordnung ist. Francis Chaboussou (franz. Biologe und Forscher im landwirtschaftlichen Versuchszentrum in Bordeaux) hat in jahrelangen

Natürlicher Pflanzenschutz aus der eigenen Gartenapotheke

Versuchen und Beobachtungen herausgefunden, dass die Anfälligkeit einer Pflanze gegenüber Schädlingen davon abhängig ist, ob sich ihr Stoffwechsel im Gleichgewicht befindet oder nicht. Dieses Gleichgewicht wird durch *chemischen* Pflanzenschutz ebenso gestört wie durch »falsche« Düngung.

Auf gesunden Pflanzen »verhungern« die Schädlinge. Nach Chaboussou ist die maximale Widerstandskraft der Pflanzen nur über einen optimalen Eiweißaufbau zu erreichen, da die Schädlingsanfälligkeit mit einem vorherrschenden Eiweißabbau zusammenhängt. Pestizide und Überdüngung machen die Pflanzen empfindlich, indem sie deren Eiweißaufbau hemmen, wodurch sie für Schaderreger sehr anziehend und interessant werden.

Natürliche Mittel zur Pflanzenstärkung bzw. zur Schädlings- und Krankheitsabwehr

Gegen viele Pflanzenschädlinge und -krankheiten ist in der Natur »ein Kraut gewachsen«. Im ökologischen Garten- und Gemüsebau schießt man nicht mit Kanonen auf Spatzen. Es stehen uns natürliche Mittel zur Verfügung, um unsere Pflanzen zu stärken und zu heilen. Chemisch-synthetische Pflanzen»schutz«mittel hingegen sind im Ökogarten tabu. Welchen Schaden sie auf Dauer anrichten, ist heute kaum abzuschätzen. Was im Garten gespritzt oder sonst irgendwie ausgebracht wird, kann selbst Kilometer entfernte Bäche und Seen mit schädlichen Wirkstoffen »versorgen«.

Oft wird vergessen, dass alternative Pflanzenschutzmittel auch selbst herstellbar sind. Die Verfahren dafür sind leicht erlernbar und ohne besondere Investitionen in die Gartenpraxis umsetzbar. Für die eigene Herstellung von Kräuterauszügen sind Pflanzenreste aus dem Kräutergarten und der Kräuteraufbereitung hervorragend

Natürlicher Pflanzenschutz aus der eigenen Gartenapotheke

geeignet. Man kann jedoch auch die in der freien Natur massenhaft vorhandenen Arten, wie z.B. Brennnessel, Ackerschachtelhalm und Rainfarn, sammeln und verwenden.

Pflanzliche Pflegemittel werden optimalerweise vorbeugend, jedoch spätestens unmittelbar nach Auftreten des Schädlingsbefalls bzw. Eintritt der Krankheit eingesetzt. Die Wirkstoffe der Kräuter können Schädlinge abschrecken und vertreiben, in Einzelfällen auch töten. Es sind dabei jedoch immer Stoffe aus der Natur, die rasch und rückstandslos abgebaut werden können, sich weder im Boden noch in Pflanzen oder Tieren anreichern und daher die Umwelt nicht belasten.

Biologisch wirtschaftende Gärtner und Landwirte versuchen ihr Bestes, um dem Entstehen von Krankheiten und dem Befall ihrer Pflanzen durch Schädlinge vorzubeugen. Es gilt, die Pflanzen zu stärken und ihr Abwehrsystem zu kräftigen. *Natürliche Pflanzenstärkungsmittel* unterstützen nicht nur die Entwicklung der Pflanzen, sondern steigern auch deren Widerstandskraft. Vorbeugen ist allemal besser als heilen!

Selbst hergestellte Jauchen, Brühen oder Tees wirken anders als chemische Pflanzenschutzmittel. Die Kräuterauszüge stärken die Vitalität und damit die Abwehrkraft der Pflanzen. Sie verhindern somit den Schädlingsbefall bzw. halten ihn in erträglichen Grenzen. Gesunden, robusten Pflanzen können die wenigsten Plagegeister auf Dauer ernsthaft etwas anhaben. Die meisten Kulturpflanzen sind im ersten Wachstumsdrittel, aber auch noch später dankbar für eine Start- und Übergangshilfe in Form von Kräuterjauchen oder -brühen. Der hohe und rasch verfügbare Mineralstoff- und Spurenelementgehalt wirkt wachstumsfördernd.

Wenn eine Pflanze nun doch von Schädlingen heimgesucht bzw. von einer Krankheit befallen wird, so verwendet man im biologischen

Natürlicher Pflanzenschutz aus der eigenen Gartenapotheke

Garten/Landbau auch hier natürliche Mittel zur *Schädlings- und Krankheitsabwehr*. Die Inhaltsstoffe der Kräuter wirken auf verschiedene Weise auf Krankheitserreger und Schädlinge. Der Ackerschachtelhalm wirkt beispielsweise vor allem durch den Kieselsäuregehalt, der die Pflanzen gegenüber fremden Schaderregern »sicher« macht. Andere Pflanzen wirken durch ihren hohen Gehalt an ätherischen Ölen und halten dadurch viele Insekten ab. Ein paar Beispiele: Brennnesselbrühe enthält Wirkstoffe wie Acetylcholin oder Histamin, die von Schild- und Blattläusen nicht vertragen werden. Knoblauchtee verhindert durch seinen hohen Allicingehalt z.B. Milben und Blattläuse. Und die Tomaten bilden Tomatin, eine Substanz, die ihrer Verwandten, der Kartoffel, fehlt und die Entwicklung der Larven des Kartoffelkäfers hemmt oder ganz abbricht.

VORTEILE VON PFLANZLICHEN SPRITZBRÜHEN

- Spritzbrühen wirken vorbeugend, stärkend und kräftigend.
- Durch erhöhte Widerstandskraft kann ein etwaiger Befall schneller überwunden werden.
- Jauchen und Flüssigdünger sind bei starker Verdünnung auch als Blattdünger verwendbar.
- Die Wirkstoffe können Schädlinge abschrecken und vertreiben.
- Wildkräuter sind schnell verfügbar, können selbst gesammelt und als Vorrat aufbewahrt werden.
- Wildkräuter sind billiger als industriell hergestellte Pflanzenstärkungsmittel.
- Reststoffe sind gut kompostierbar.
- Im Handel (Apotheke, Drogerie, Gartenfachgeschäft) findet sich ein umfangreiches Angebot an getrockneten Kräutern, falls man selbst nicht die benötigten Pflanzen hat.
- Spritzbrühen beeinflussen die Inhaltsstoffe der Pflanzen nicht negativ.

Fakten zur Qualität unserer Lebensmittel

Lebensmittel sollen Freude, Gesundheit und Energie für den Alltag geben und zu einem langen Leben beitragen. Noch nie war die Auswahl an Nahrungsmitteln so groß und noch nie der hygienische Standard so hoch wie heute – trotzdem gibt es immer mehr Allergien. Die Ausgaben für ernährungsbedingte Krankheiten nehmen alarmierend zu und belasten unser Gesundheitssystem enorm. Wir können selbst entscheiden, ob wir unser Leben mit Beschwerden, Krankheiten und chronischen Leiden belasten und es um Jahre oder Jahrzehnte verkürzen. Das alte Sprichwort »Der Mensch ist, was er isst« bewahrheitet sich einmal mehr. Denn: Viele dieser Krankheiten könnte man durch gesunde vollwertige Ernährung vermeiden, heilen oder lindern.

Gesunde Lebensmittel

Es ist kein Geheimnis, dass unsere Ernährung krank machen kann. Wer sich über Jahre oder Jahrzehnte schlecht ernährt, wird mit Sicherheit eine oder mehrere Zivilisationskrankheiten erleiden. Gesundheit ist kein Zufall! Österreich zählt in der EU zu den ungesündesten Ländern. Gerade hier wäre es angebracht, die eigenen Essgewohnheiten zu überdenken. In Österreich essen nur 56 % aller Menschen täglich mindestens einmal Gemüse oder Obst – der EU-Durchschnitt beträgt jedoch 64 %. Eine Erhöhung des Gemüse- und Obstkonsums wäre sowohl für die Gesundheit als auch das Wohlbefinden von Vorteil.

Im Fleischverbrauch rangiert Österreich an dritter Stelle innerhalb der EU. Da die Fleischproduktion bewiesenermaßen klimaschädlich ist, wäre eine Reduzierung nicht nur für unsere Gesundheit, sondern auch für das Klima vorteilhaft. Leider gilt für viele noch der Spruch: »Ein Essen ohne Fleisch ist wie ein Duschen ohne Wasser!« Dabei waren z.B. Phythagoras v. Samos (570–500 v. Chr.), Leonardo da Vinci (1452–1519) und auch die römischen Gladiatoren reine Vegetarier.

Natürlicher Pflanzenschutz aus der eigenen Gartenapotheke

Die Weltgesundheitsorganisation (WHO) schätzt, dass gesündere Nahrung weltweit Millionen von Menschenleben retten könnte *(Die Presse, 5. 9. 2019)*.

Der Versorgungsforscher DDr. Fred Harms von der Sigmund Freud Privatuniversität Wien schätzt, dass jeder Mensch zu 90 % selbst für seine Gesundheit verantwortlich ist. Der größte Risikofaktor für die Gesundheit eines Kindes seien seine Eltern, so der Wissenschaftler *(Salzburger Nachrichten, 19. 9. 2018)*.

Für viele Konsumenten gilt leider der Leitsatz: Hauptsache, billig und satt. 1976 gaben die Konsumenten noch rund 20 % ihrer Haushaltsausgaben für Nahrungsmittel aus, 2015 waren es nur noch rund 11 %. Auf die Folgen ungesunder Ernährung wird dabei nicht Bedacht genommen. Durch die Industrialisierung der landwirtschaftlichen Produktion werden die Landwirte teilweise gezwungen, alle vorhandenen technischen und chemischen Möglichkeiten zu nutzen, um noch billiger zu produzieren. Die Globalisierung des Marktes führt zu billigen Importen. Frische und Geschmack, die auf langen Transporten verloren gehen, werden dann über Zusatzstoffe und Aromen wieder ergänzt. Eines bleibt dabei auf der Strecke – das Leben in unseren »Lebensmitteln«.

Bei richtiger Lagerung und Kühlung hält sich zum Beispiel frischer Spinat ca. 2 Wochen. Allerdings verliert er in einer Woche ca. die Hälfte des Vitamin-C-Gehalts. Damit verliert ein im Kühlregal des Supermarktes optisch schön aussehendes Gemüse viele wichtige Inhaltsstoffe und ist nicht mehr vergleichbar mit frischen Produkten aus dem eigenen Garten. Das Motto für die Zukunft lautet: Ernten statt kaufen!

Nach einer Studie der Universität Stuttgart landen in Deutschland jedes Jahr 6,7 Millionen Tonnen Lebensmittel im Müll. Jeder Bürger wirft im Schnitt 81,6 kg Nahrung weg, 53 kg davon wären

GESUNDE LEBENSMITTEL

Natürlicher Pflanzenschutz
aus der eigenen Gartenapotheke

vermeidbar. Pro Kopf landen jährlich 235 Euro unnötigerweise im Müll. Bundesweit werden so 20 Mrd. Euro vergeudet.

Immer wieder liest und hört man, dass sich viele Menschen die notwendigen Lebensmittel nicht mehr leisten können. Da stellt sich schon die Frage, warum bei uns in Europa 30% bis 35% der Lebensmittel im Müll landen. Erhebungen zeigen, dass die Wegwerfmentalität bei allen Bevölkerungsschichten gleich ist. Daraus kann man eigentlich schließen, dass die Lebensmittel zu billig und nicht zu teuer sind. Es fehlt in der Bevölkerung leider vielfach die richtige Wertschätzung für die Lebensmittel.

Hohe Erträge und hübsches Aussehen der Produkte werden in der Züchtung und Kulturführung angestrebt. Wertvollen Inhaltsstoffen wie Mineralien und Spurenelementen wird kaum noch Bedeutung zugemessen. Gemüse und Obst verlieren folglich immer mehr an Qualität. Die Ursache dafür ist überwiegend in der »modernen« Bewirtschaftung unserer Flächen und in der Pflanzenzüchtung zu suchen *(Natürlich Gärtnern, 2/2005)*. Der Wert und die Qualität unserer Lebensmittel wird stark durch ihre Bewirtschaftungsformen geprägt. Die Bewirtschaftung des Bodens wirkt sich wiederum unmittelbar auf die Natur aus, weil sie die natürlichen Lebensbedingungen verändert. Pflanzen tragen das Spiegelbild des Bodens, der Umwelt (Schadstoffe, Spritzmittel) in sich.

LINKS
Bei Lebensmitteln auf Natürlichkeit setzen.

GESUNDE LEBENSMITTEL

Natürlicher Pflanzenschutz aus der eigenen Gartenapotheke

HEUTE UNTERSCHEIDEN WIR PRINZIPIELL ZWISCHEN DEN FOLGENDEN DREI LANDWIRTSCHAFTLICHEN PRODUKTIONSFORMEN

1. Konventioneller Landbau
Darunter versteht man die heute am weitesten verbreitete Produktionsweise mit dem Einsatz von Kunstdünger, chemischen Schädlingsbekämpfungsmitteln und starker Mechanisierung. Mangelnde Produktqualität und Umweltbelastungen (z.b. starke Bodenerosion, Eintrag von schädlichen Pflanzenschutzmitteln in Boden und Grundwasser) können die Folge sein. Die konventionelle Bewirtschaftung wirkt sich nicht nur in vielfältiger Weise negativ auf die Tier- und Pflanzenwelt aus, sondern beeinträchtigt auch die Qualität der Lebensmittel erheblich.

2. Integrierter Landbau
Er ist ein Abkömmling der konventionellen Produktion und entstand in den 1990er-Jahren. Die integrierte Produktion verlangt von den Bewirtschaftern geringfügig ökologisch motivierte Verhaltensweisen. Der Einsatz von chemisch-synthetischen Betriebsmitteln inklusive Kunstdünger ist erlaubt.

3. Biologischer Landbau
Ziel ist die Produktion von qualitativ hochwertigen Lebensmitteln durch eine natur- und umweltverträgliche Erzeugungsform. Der biologische Landbau verzichtet auf chemisch-synthetische Pflanzenschutzmittel und auf künstliche Düngemittel und verpflichtet sich zu artgerechter Tierhaltung sowie nachhaltiger, schonender Bewirtschaftung. Ziel dabei ist nicht maximaler Mengenertrag, sondern möglichst hohe innere Qualität, welche die Pflanze nur bei harmonischem Wachstum entwickeln kann. Gentechnik und ionisierende Bestrahlung sind ebenfalls tabu.

2018 bewirtschafteten in Österreich 20,4 % der Betriebe ihre Äcker und Wiesen nach den Bioverordnungen der EU Nr. 834/2007 (Basisverordnung) und Nr. 889/2008. Das sind 25 % der gesamten landwirtschaftlichen Nutzfläche. In Deutschland werden 12 % der landwirtschaftlichen Nutzfläche nach Bio-Richtlinien bewirtschaftet. Jeder Betrieb unterliegt mindestens einer jährlichen Kontrolle durch eine akkreditierte Kontrollstelle, bei der alle Betriebsabläufe auf deren Nachvollziehbarkeit und Biokonformität überprüft werden.

GESUNDE LEBENSMITTEL
Natürlicher Pflanzenschutz aus der eigenen Gartenapotheke

124

LINKS
Bunter Kräuter- und Gemüsegarten.

UNTEN
Vielfältiger und abwechslungsreicher Garten.

Natürlicher Pflanzenschutz aus der eigenen Gartenapotheke

Sind biologisch erzeugte Lebensmittel wirklich »gesünder«?

Viel wurde bisher über die Qualität biologisch erzeugter Lebensmittel spekuliert. Wissenschafter am Ludwig Boltzmann-Institut für biologischen Landbau haben im Jahr 2003 mehr als 170 internationale Untersuchungen ausgewertet. Die Ergebnisse lassen nun erstmals wissenschaftlich bestätigte Aussagen über die Qualität von Bioprodukten im Vergleich zu konventionell erzeugten Nahrungsmitteln zu.

Einige Daten aus den Studienergebnissen (Studienbericht von Dr. Alberta Velimirov und Dr. Werner Müller, April 2003):

- Bio-Weißkraut enthält um 30% erhöhte Vitamin-C-Werte.
- Organisch gedüngte Tomaten haben deutlich höhere Vitamin-C-Gehalte.
- Bio-Äpfel weisen höheren Vitamin-C-Gehalt auf.
- Kartoffeln und Zwiebeln enthielten deutlich höhere Mengen an Mineralstoffen und Spurenelementen.
- In Bio-Gemüsesäften ist der Flavongehalt bis zum Zehnfachen höher.
- Bei Roten Rüben ist eine um bis zu 50% verbesserte Lagerfähigkeit zu verzeichnen.
- Bio-Gemüse enthält deutlich höhere Trockenmassegehalte.
- Bio-Gemüse und Bio-Obst schmecken besser.
- Biologisch gezogenes Gemüse speichert deutlich geringere Mengen an Nitrat.
- Bio-Lebensmittel enthalten 10 bis 50% mehr sekundäre Pflanzenstoffe.
- Biologisch erzeugte Lebensmittel weisen deutlich geringere Pestizidrückstände auf. Bis zu 75% aller konventionell erzeugten Lebensmittel waren mit Rückständen belastet, während Bio-Lebensmittel zu 93% ohne Befund waren.

Die Produktion von Biolebensmitteln schützt nicht nur Tier und Natur. Forscher der britischen *Universität Newcastle* (16. 2. 2016) haben 196 Publikationen über Kuhmilch und 67 Studien über

GESUNDE LEBENSMITTEL
Natürlicher Pflanzenschutz
aus der eigenen Gartenapotheke

Fleischprodukte analysiert. Sie kamen zu dem Ergebnis, dass Biomilch und Biofleisch im Durchschnitt um 50 % mehr Omega-3-Fettsäuren als konventionell produzierte Produkte aufweisen. Biofleisch hatte zudem eine geringere Konzentration an gesättigten Fettsäuren. Es ist eigentlich ironisch, dass wir das natürlich Gewachsene mit einem Zusatz kennzeichnen. Sollte es nicht eigentlich umgekehrt sein?

Das Umweltinstitut München berichtete 2019, dass über 80 % von konventionell angebautem Obst und Gemüse Pestizidrückstände aufweisen. Im Gegensatz dazu waren nur bei ca. 7 % der Bioware Pestizide nachweisbar *(Umweltinstitut München e.V. 28. 3. 2019)*.

Bio ist gesünder, jedoch nur bis zum Fabrikstor (Hans-Ulrich Grimm in seinem Buch »Vom Verzehr wird abgeraten«). Frisch vom Feld ist Bio meist top. Die Früchte sind häufig frei von Pestiziden. Auch die Stiftung Warentest sieht dies als klaren gesundheitlichen Vorteil gegenüber der konventionellen Produktion. Der Unterschied zwischen Bio und konventioneller Ware schwindet meist hinter den Fabrikstoren. Dort beginnt man die Ware durch die verschiedensten Zusätze in ihrer Lebensdauer zu erhöhen und »geschmeidiger« für den Konsumenten zu machen. Die Bio-Zutaten kommen aus denselben Fabriken wie die übrigen Supermarktprodukte. Für Veränderungen sind auch Farbstoff-Hersteller zuständig. All dies bedeutet, dass Bio-Industrieprodukte häufig mit Zutaten, die nirgendwo in der freien Natur vorkommen oder gewachsen sind, angereichert sind.

Es ist eine unumstößliche Tatsache: Je weiter sich Bioprodukte vom Erzeugungsort entfernen und industriell weiterverarbeitet werden, desto mehr verlieren sie auch ihre gesundheitlichen Vorteile.

Ohne Geschmack aus dem Labor wären viele Lebensmittel im Supermarkt unverkäuflich. Das »natürliche Aroma« muss mit echtem

Natürlicher Pflanzenschutz
aus der eigenen Gartenapotheke

Geschmack nichts zu tun haben. So kann etwa Erdbeeraroma aus Sägespänen, Fruchtjoghurt ohne Früchte, Himbeerkracherl ohne Himbeeren hergestellt werden. Ein Fleisch- und Wurstwarenerzeuger in Österreich bietet beispielweise auch »gesunde« Fleischprodukte an. Diese werden z.B. mit ungesättigten Fettsäuren der Omega-3-Gruppe angereichert.

Baldur Preiml, der österreichische Pionier auf dem Gebiet der gesunden Ernährung und »Vater des österreichischen Springwunders« meint dazu: »Das Gesundheitssystem ist ein Krankheitssystem, ein rücksichtsloses Geschäft auf Kosten der Gesundheit. Statt Heilungskräfte und die gesunde Lebensweise, Abhärtung und Bewegung zu unterstützen, wird mit fünftausend Medikamenten Krankheit bekämpft« *(Die Presse, 24.12.2010)*.

Gesundheit bedeutet nicht alles,
aber ohne Gesundheit bedeutet alles nichts.
ARTHUR SCHOPENHAUER

Grundrezepte

Ernten von Kräutern

Als eine der ersten Regeln gilt, dass Kräuter gegen Mittag, wenn kein Morgentau mehr vorhanden ist, geerntet werden sollen, am besten kurz nachdem der Morgentau verdunstet ist. Dadurch bleiben besonders die leicht flüchtigen ätherischen Öle erhalten. Der Erntezeitpunkt hängt von der beabsichtigten Verwendung der Kräuter und der jeweiligen Reife der Pflanzen ab.

Aromatische Kräuter zwischen 9 und 12 Uhr sammeln, in den meisten Fällen kurz vor dem Öffnen der Blüten. Ganze Kräuter, also alle oberirdischen Pflanzenteile, sammelt man zu Beginn der Blütezeit. Früchte werden vollreif geerntet. Wurzeln werden im Frühjahr oder im Herbst ausgegraben, wenn sie kräftig und voll entwickelt sind, Rinden werden von jungen Zweigen genommen.

Sammeln Sie Kräuter nur an sauberen Standorten und nicht in der Nähe von stark befahrenen Straßen oder von konventionell bewirtschafteten Flächen. Ernten Sie nur den gewünschten Pflanzenteil und diesen von sauberen Pflanzen, denn das Sammelgut soll vor der Trocknung und Aufbewahrung nicht gewaschen werden. Aus diesem Grund ist auch eine Ernte an Regentagen nicht sinnvoll. Wenn frische Pflanzen gleich zum Ansetzen von verschiedenen Auszügen verwendet werden, kann man diese einfach dann pflücken, wenn man sie benötigt.

Der Gehalt an Wirkstoffen schwankt bei den Kräutern je nach Standort, Jahreszeit und Witterung recht beträchtlich. Die in den Rezepturen angegebenen Mengen sind deshalb nur Richtwerte.

Wie erntet man?

Meist verwendet man bei der Ernte von Kräutern eine scharfe Schere oder ein Gartenmesser. Sie können aber auch ganze Pflanzenteile,

Blätter oder Blüten händisch abzupfen. Überwiegend werden für Pflanzenauszüge frische Kräuter verwendet. Für Winterspritzungen ist es jedoch notwendig, diese im Laufe der Vegetationszeit zu sammeln und zu trocknen.

Trocknen von Kräutern

Es ist vorteilhaft, wenn man für die vegetationslose Zeit die benötigten Pflanzen rechtzeitig erntet und durch Trocknung haltbar macht. Kraut, Blätter und Blüten darf man vor der Trocknung nicht waschen. Am besten trocknet man Kräuter an einem trockenen, schattigen und gut belüfteten Platz. Auf einem trockenen Dachboden sind Kräuter gut aufgehoben. Die zu trocknenden Pflanzen bzw. Pflanzenteile auf einen mit Jute bespannten Trocknungsrahmen (Darre) in dünner Schicht aufbringen. Ganze Pflanzen (Kräuter) kann man auch gebündelt luftig aufhängen. Wichtig ist, dass die Trocknungstemperatur 35 °C nicht überschreitet. Bei Wurzeln ist eine Trocknungstemperatur bis 60 °C zulässig. An der Sonne dürfen nur gröbere Pflanzenteile wie Wurzeln, Rinden und Samen getrocknet werden. Auch künstliche Wärme ist zur Trocknung frischer Pflanzenteile geeignet. Es ist jedoch auf die richtige Temperatur zu achten. Auch die Aufbewahrung des Trockengutes stellt keine besonderen Anforderungen. Es wird trocken und kühl in Säcken, Kartons oder Dosen vor Feuchtigkeit geschützt in trockenen Räumen aufbewahrt.

Grundrezepte

Herstellung von Pflanzenstärkungs- und -pflegemitteln

Es dürfen nur Gefäße eingesetzt werden, die sich nicht negativ auf die herzustellenden Pflanzenpflegemittel auswirken (z.B. Holzfässer, Emailgefäße). Auch die Wasserqualität ist wichtig. Optimal ist die Verwendung von nicht verschmutztem Regen-, Bach- oder Flusswasser.

Jauchen

Jauchen werden generell mit kaltem Wasser (vorrangig Regenwasser verwenden) angesetzt. Häufigste Verwendung finden hierfür Brennnessel, Schachtelhalm, Beinwell und Wermut. Die verwendeten Pflanzen können frisch bzw. getrocknet eingesetzt werden. Nur Pflanzen verwenden, die noch keine Samen angesetzt haben,

LINKS
Für die Herstellung und Ausbringung von Pflanzenauszügen sind verschiedene Utensilien erforderlich.

Grundrezepte

da diese den Gärprozess unbeschadet überstehen können. Eine Zerkleinerung des Pflanzenmaterials ist sinnvoll, da dadurch die wertvollen Inhaltsstoffe besser nutzbar sind. Die Gefäße werden maximal bis 10 cm unter den Gefäßrand gefüllt.

Der Gärprozess setzt nach ein bis zwei Tagen ein. Dies zeigt sich deutlich, da die Jauche zu schäumen beginnt. Um den Umbauprozess zu beschleunigen, ist es günstig, die Gefäße an einem sonnigen Platz aufzustellen. Den Umsetzprozess kann man positiv unterstützen, indem man die Jauche täglich ein- bis zweimal kurz umrührt; das bringt Sauerstoff in die Flüssigkeit.

Wenn die Jauche nicht mehr schäumt, ist dies ein Zeichen dafür, dass sie vergoren ist. Das kann nach acht Tagen oder erst nach ca. drei Wochen zutreffen. Jauchen können anfänglich einen etwas unangenehmen Geruch entwickeln. Geruchsmindernd wirkt die Zugabe von ein wenig Gesteinsmehl oder lehmiger Erde bzw. Kompost, aber auch einiger Baldriantropfen. Stellen Sie daher die dafür verwendeten Gefäße nicht in unmittelbare Nähe des Hauses oder der Terrasse auf.

RECHTS
Holzfässer sind für Jauchen besonders geeignet.

JAUCHEN
Grundrezepte

134

OBEN
Jaucheansatz
erster Tag.

UNTEN
Jaucheansatz nach
14 Tagen.

Grundrezepte

Der unangenehme Geruch ist bei getrockneten Kräutern meist sehr gering oder gar nicht vorhanden. Jauchen haben überwiegend eine düngende Wirkung. Sie dienen daher vorwiegend als gesundheitsstärkende Flüssigdünger. Besonders schnell wirkt die Jauche, wenn man sie stark verdünnt (1 : 50) auf Pflanzen sprüht. Der Einsatz von noch gärender Brennnesseljauche hat sich zur Abwehr von Schädlingen bewährt.

Jauchegaben soll man bei Lagergemüse maximal bis 3 Wochen vor der Ernte verabreichen, da sonst die Gefahr schlechter Lagerung besteht.

Die Jauche wird in den meisten Fällen nicht auf die Pflanzen aufgebracht (besonders wichtig bei Gemüse), sondern auf der Erde um die Pflanzen gegossen. Bei Verwendung einer Gießkanne wird daher der Brausekopf nicht verwendet.

A. VERGORENE PFLANZENJAUCHE

1 kg zerschnittene Frischpflanzen oder 200 g getrocknetes Pflanzengut mit 10 Liter Wasser auffüllen. Etwa alle ein bis zwei Tage gut rühren. Sie ist nach ungefähr zwei bis drei Wochen fertig. Vor Verwendung, wenn notwendig, sieben.

Konzentration: 1 : 20 verdünnen, Ausbringung bei bedecktem Himmel. Zur Geruchsbindung kann man einige Handvoll fertigen Kompost, Steinmehl oder lehmige Gartenerde einrühren. Jauche wird stets kalt angesetzt, ausschließlich um die Pflanzen herum eingegossen und nur selten gespritzt.

B. GÄRENDE PFLANZENJAUCHE

Eigentlich nur bei Brennnesseln zur Schädlingsabwehr üblich. Der Ansatz bleibt max. drei bis vier Tage stehen und wird in einer Konzentration von 1:50 verwendet.

JAUCHEN
Grundrezepte

Die folgenden zwei Grafiken zeigen, wie sich die Leitfähigkeit und der pH-Wert im Laufe des Gärprozesses von Jauchen ändern.

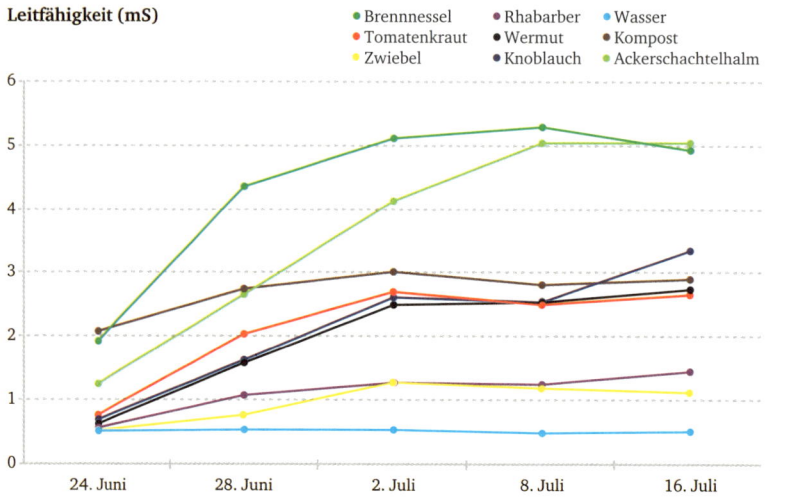

OBEN
Veränderung der Leitfähigkeit (mS) bei Pflanzenauszügen (Jauchen) in Abhängigkeit der Auszugsdauer; angesetzt am 23. Juni.

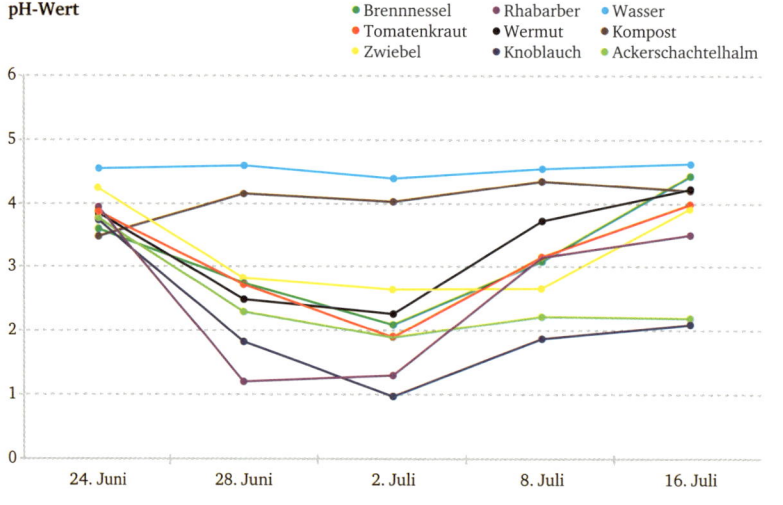

UNTEN
Veränderung der pH-Werte bei Pflanzenauszügen (Jauchen) in Abhängigkeit der Auszugsdauer; angesetzt am 23. Juni.

Was sagt die Leitfähigkeit aus?

Die Leitfähigkeit ist, vereinfacht ausgedrückt, ein Maß für die Menge der im Wasser gelösten Salze. Messeinheit in mS/cm (Millisiemens je Zentimeter). Der Salzgehalt muss besonders beachtet werden, da die einzelnen Pflanzenarten sehr unterschiedlich reagieren. Ein Salzgehalt von über 0,7 mS/cm kann bereits zu Problemen für die Pflanze führen.

Die einzelnen Gemüsearten reagieren sehr unterschiedlich auf die Salzgehalte. So zeigen z.B. Kohlgemüse, Sellerie und Spinat eine hohe, Tomaten, Paprika und Kürbis eine mittlere, Bohnen, Salat sowie Möhren eine niedrige Salztoleranz. Da sich der Salzgehalt im Zuge der Jaucheherstellung teilweise kräftig steigern kann, muss vor der Verwendung eine entsprechende Verdünnung erfolgen, um Pflanzenschäden zu verhindern.

Was sagt der pH-Wert aus?

Der pH-Wert ist ein Maßstab für den Säuregrad (sauer, neutral oder alkalisch). Er zeigt an, wie viel elektrisch geladene Wasserstoffteilchen in der wässrigen Lösung vorhanden sind. Liegen diese Werte unter 6,5, handelt es sich bei der Flüssigkeit um eine Säure. Je kleiner die Zahl, desto stärker die Säure. Weist eine Flüssigkeit einen pH-Wert zwischen 6,6 und 7,2 auf, so gilt sie als neutral. Werte über 7,2 zeigen eine alkalische Flüssigkeit an. Auch der pH-Wert verändert sich im Laufe des Gärprozesses, er entwickelt sich aber – im Gegensatz zur Leitfähigkeit – meist am Beginn nach unten.

Kaltwasserauszug

Diese Methode wird besonders dann angewendet, wenn Gefahr besteht, dass Wirkstoffe durch Hitzeeinwirkung zerstört werden. Die Kräuter oder Drogen werden einfach in kaltem Wasser (vorzugsweise Regenwasser) eingeweicht. Darin lässt man sie wenige Stunden bis maximal drei Tage ziehen. Kaltwasserauszug darf nie in Gärung übergehen. Die verwendeten Pflanzen für einen Kaltwasserauszug sind vorher immer zu zerkleinern. Dadurch wird der Auszug intensiver.

Im Gegensatz zur Jauche siebt man den Kräuterauszug immer ab, bevor eine Gärung eintritt. Bei Kaltwasserauszügen ist häufiges Umrühren sehr vorteilhaft. Die Spritzflüssigkeit bei Kaltwasserauszügen hat dabei nicht die gleiche Stärke wie z.B. Jauchen, Brühen oder Tees; sie sollte daher weniger stark verdünnt oder besser unverdünnt ausgebracht werden. Die Kräuterreste kann man als Mulch zu den zu behandelnden Pflanzen geben. Einfache Pflanzenauszüge dienen häufig der Schädlingsregulierung.

REZEPT

Man zerschneidet 1 kg Frischpflanzen und gibt sie in 10 Liter kaltes Wasser, einige Stunden bis maximal drei Tage stehen lassen, seihen und anwenden. Kaltwasserauszug wird meist unverdünnt gespritzt oder gegossen.

Brühe

Wird Jauche grundsätzlich in kaltem Wasser angesetzt, so entsteht Brühe immer durch Abkochen von Kräutern. Es ist dabei oft von Vorteil, das verwendete Pflanzenmaterial vorher ca. 24 Stunden in Regenwasser einzuweichen. Die Kochdauer ist abhängig von der Kräuterart, aber auch der Verwendungszweck ist zu berücksichtigen. Im Normalfall ist eine Kochdauer von 20 bis 30 Minuten ausreichend. Die Brühe lässt man dann im Kochtopf zugedeckt abkühlen. Nach dem Seihen ist die Brühe sofort verwendbar.

Bei Brühen können Sie eine kleinere Wassermenge als angeben ansetzen und später auf die notwendige Menge auffüllen. Brühen eignen sich nicht für eine längere Lagerung, sie werden »sauer«. Das Einsatzgebiet für Brühen besteht vorwiegend beim Vorbeugen und Bekämpfen von Krankheiten und Schädlingen. Brühen eignen sich besonders gut für die Schädlingsregulierung, da die ätherischen Öle und die Bitterstoffe der Kräuter besser erhalten bleiben. Daher werden zusätzlich häufig Pflanzen wie z.B. Lavendel, Thymian und Tagetes verwendet.

Die Herstellung von Brühen ist arbeitsaufwändig. Die Ausbringung erfolgt vorwiegend mit Hand- oder Rückenspritzen. Brühen werden stets fein versprüht aufgebracht. Verwendet man die Brühe gegen Insekten, so wirkt sie besonders gut gegen fest sitzende Insekten, also speziell gegen Läuse. Durch die Zugabe von 1 % Flüssigseife und 2 % Brennspiritus ist eine Wirkungserhöhung erzielbar.

REZEPT

Die frischen oder getrockneten Pflanzen zwölf bis maximal 24 Stunden in kaltes Wasser einlegen. Danach aufkochen und bei schwacher Flamme ca. 20 bis 60 Minuten lang köcheln lassen. Abkühlen, seihen, 1:5 verdünnen und anwenden, kann laufend eingesetzt werden. Die Brühe wird zur Stärkung der Widerstandskraft und zur Abwehr von Schädlingen über die Pflanzen gespritzt, teilweise jedoch auch auf den Boden (Rezepturanleitung beachten).

Grundrezepte

Tee

Gärtner bitten zum Tee! Ein guter Schuss Kräutertee stärkt das Immunsystem im Garten. Kräutertees werden den Kulturen zum Schutz der gesunden Pflanzenentwicklung verabreicht. Teeanwendungen unterstützen nicht nur die Gesundheit der Pflanzen, sondern wirken sich auch auf Aroma und Ertrag positiv aus. Zudem ist die Teezubereitung sehr einfach und rasch möglich.

Für die Teeherstellung verwendet man zerkleinerte Pflanzenteile; diese überbrüht man mit kochendem Wasser und lässt diese anschließend je nach Rezepturangabe darin ziehen. Dafür eignen sich

Grundrezepte

besonders Kräuter, deren Inhaltsstoffe sich durch den Kochvorgang verflüchtigen bzw. dadurch zerstört werden können. Wird der Ackerschachtelhalm als Tee zubereitet, so soll man diesen mindestens 30 Minuten köcheln lassen.

Je nach Empfehlung wird Tee unverdünnt oder verlängert durch Wasserzusatz eingesetzt. Vor der Anwendung muss der Tee entsprechend abkühlen. Tees werden während der Vegetationszeit am Morgen ausgebracht und gut verteilt auf die Blätter versprüht. Wenn man z.B. Ackerschachtelhalmtee gegen Pilzkrankheiten einsetzt, ist es jedoch günstig, dabei auch die Bodenoberfläche zu benetzen.

Welche Geräte man zur Herstellung von Tees braucht, ist natürlich abhängig von der Größe der Fläche, die zu behandeln ist. Das kann von einem kleinen Wassertopf auf dem heimischen Herd bis zu industriellen Kantinen-Großkochern reichen. Durch Teespritzungen werden Impulse – ähnlich wie in der Homöopathie – gesetzt, um die Pflanzen in ihrer Abwehrkraft zu unterstützen.

REZEPT
Wasser aufkochen und zerkleinerte, frische oder getrocknete Pflanzen mit kochendem Wasser übergießen. Etwa 20 bis 60 Minuten zugedeckt ziehen lassen. Den abgekühlten Tee seihen und anwenden. Bei der Schädlingsbekämpfung Verdünnung 1 : 5, beim Einsatz als Bodenpflege Verdünnung 1 : 20. Tees werden mit feiner Düseneinstellung versprüht.

LINKS
Kräutertees sind rasch herstellbar und können sehr gut als Pflanzenpflegemittel eingesetzt werden.

Extrakt

Pflanzenextrakte können in einer direkten Wirkung auch in Folge ihrer breiteren biologischen Aktivität die Resistenz bei höheren Pflanzen verbessern. Pflanzenextrakte stellen im Bereich des biologischen Pflanzenschutzes ein großes, bisher noch wenig beachtetes Potenzial an Stoffen und Stoffgemischen dar. Als Lösungsmittel kommen Wasser, Wasserdampf, Alkohol oder Öle zum Einsatz.

REZEPT
Wie Kaltwasserauszug. Als alternative Herstellungsmethode empfiehlt sich wie folgt: Pflanzen mit wenig Wasser zermahlen (Mixer) oder zerstoßen, entstandenen Brei durch ein Leinensäckchen pressen und in einer Flasche aufbewahren. Extrakt kann längere Zeit gelagert werden. Für den landwirtschaftlich gärtnerischen Gebrauch werden Auszüge aus ganzen Pflanzen verwendet.

Es ist auch möglich, die Kräuter eine halbe Stunde in lauwarmes Wasser zu legen und mit dem anhaftenden Wasser zu pürieren. Dann durch ein Tuch seihen und nach Rezept anwenden.

Für die Herstellung einer Spritzbrühe reicht eine Menge von 1 bis 5 Tropfen Extrakt für 1 Liter Regenwasser.

Ausbringung

Die Ausbringung soll weder bei starker Sonnenbestrahlung (Ausnahmen siehe Rezepte), noch bei oder vor Regen erfolgen. Der Himmel sollte bedeckt sein. Ein günstiger Ausbringungszeitpunkt ist im Allgemeinen der Morgen, dann kann die Spritzflüssigkeit noch während des Tages antrocknen.

Tees bringt man am besten mit einem Spritzgerät aus. Bevor die Flüssigkeiten zum Einsatz kommen, soll man diese durch ein Feinsieb geben, da der Teesud sonst die Düsen verstopft. Zu feiner

Grundrezepte

Spritznebel ist zu verhindern, da dieser leicht durch Wind abgetragen werden kann. Nach Gebrauch Behälter und Siebe umgehend mit klarem Wasser reinigen.

Werden Pflanzenpflegemittel auf die Pflanzen gesprüht, so ist zu beachten, dass die Pflanze ganzflächig benetzt wird. Bei einigen Krankheiten, wie z.b. Falscher Mehltau, ist auch die Blattunterseite vollständig zu besprühen.

Beim Gießen mit der Gießkanne soll die Brause wie üblich verwendet werden. Gießen Sie nur vormittags und achten Sie darauf, dass die Pflanze keine Spritzer abbekommt. Dies sollte man bei der Ausbringung von Pflanzenjauchen beachten. Wollen Sie jedoch Jauchen mit dem Spritzgerät ausbringen, ist vorher der Einsatz eines Feinsiebes unerlässlich. Außerdem muss die Jauche stärker verdünnt werden. Die Siebreste sind als düngendes Mulchmaterial gut geeignet.

Wichtige Kennzahlen und Empfehlungen

Wichtige Kennzahlen und Empfehlungen

Extrakte

1 mg = 1 tausendstel Gramm/1.000 mg = 1 g
1 ml entsprechen ca. 30 Tropfen
1 Teelöffel (TL) entspricht ca. 150 Tropfen = ca. 5 ml
1 Esslöffel (EL) entspricht ca. 300 Tropfen = ca. 10 ml
1 g Wasser sind etwa 20 Tropfen
1 Tropfen = 0,05 g
1 g ätherisches Öl = ca. 50 Tropfen
1 Tropfen = 0,02 g
5 Tropfen = 5 Globuli = 1 Tablette = 1 Messerspitze Pulver

Für die Herstellung einer Spritzbrühe reicht eine Menge von 1 bis 5 Tropfen Extrakt auf 1 Liter Regenwasser.

Geeignete Behälter für die Herstellung von Jauchen, Brühen etc.

Um die Inhaltsstoffe durch die Verwendung von ungeeigneten Gefäßen nicht zu stören, ist es wichtig, auf die geeignete Auswahl derselben besonders achtzugeben.

BESONDERS GEEIGNET

- Holzfässer
- Steingut/Tongefäße
- Emailgefäße
- Kunststoffbehälter (Polyäthylen)
- Edelstahlgeschirr

NICHT VERWENDBAR

- Metallgefäße, da sie chemische Verbindung mit Pflanzenauszügen eingehen.

Wichtige Kennzahlen und Empfehlungen

Wichtig!

Die Gefäße immer abdecken. Die Abdeckung muss jedoch luftdurchlässig sein, am besten eignet sich dazu ein Gitterrost oder Jutetuch, damit keine Vögel oder andere Kleintiere in das Gefäß fallen.

UNTEN
Es ist ratsam, die Behälter luftdurchlässig abzudecken.

GEEIGNETE BEHÄLTER FÜR DIE HERSTELLUNG VON JAUCHEN, BRÜHEN ETC.

Wichtige Kennzahlen und Empfehlungen

Allgemein

FÜR 10 LITER WASSER REICHEN AUS

- 1 kg frisches Pflanzenmaterial oder 120–250 g getrocknete Pflanzen. (100 g Droge [getrocknete Pflanzen] entsprechen 600–800 g Frischkraut).
- Die vergorene Jauche wird stets 1:20 verdünnt.
- Die gärende Jauche wird 1:40 bis 1:50 verdünnt.
- 30 bis 100 Liter Spritzbrühe reichen für 1.000 m².
- Man spritzt in der Regel nie bei Wind oder regnerischem Wetter und auch nicht bei direkter Sonneneinstrahlung – außer mit Schachtelhalm, der gerade bei Sonne seine volle Wirkung entfaltet.
- Brühen und Tees sollte man in der Wachstumszeit alle 14 Tage anwenden.
- Jauche zwei- bis viermal jährlich.

Wenn durch günstige Wachstumsbedingungen kräftige, gesunde Pflanzen heranwachsen und es keine Probleme mit Pflanzenschädlingen gibt, können die Anwendungsintervalle auch weiter sein.

Aufwandsmengen

Bei Gemüsekulturen richtet sich die Aufwandsmenge für Pflanzenpflegemittel und Wasser nach der Pflanzenhöhe, die in drei Kategorien (bis 50 cm, 50 bis 125 cm, über 125 cm) eingeteilt wird. Die Wasseraufwandsmenge je ha (10.000 m²) kann daher zwischen 300 bis 1.000 Liter liegen (bis 50 cm ca. 300 Liter, bis 125 cm ca. 1.000 Liter, über 125 cm je nach Bedarf).

EIN RECHENBEISPIEL

Ihr Gemüsegarten hat eine Fläche von 100 m², somit benötigten Sie je nach Pflanzenentwicklung ca. 3 bis 10 Liter Spritzflüssigkeit.

Konzentrations- und Produkt-Bedarfsumrechnungstabelle

Auf Kleinflächen bereitet die richtige Dosierung oft große Schwierigkeiten. Um den Anwender die Umrechnung der Konzentrationsangaben auf flächenbezogene Mittelmengen zu erleichtern, sei auf die folgende Tabelle verwiesen.

Konzentration in Prozent	g bzw. ml auf 1 Liter	g bzw. ml auf 3 Liter	g bzw. ml auf 5 Liter	g bzw. ml auf 10 Liter
0,02	0,2	0,6	1,0	2,0
0,025	0,25	0,75	1,25	2,5
0,035	0,35	1,05	1,75	3,5
0,04	0,4	1,2	2,0	4,0
0,05	0,5	1,5	2,5	5,0
0,075	0,75	2,25	3,75	7,5
0,1	1,0	3,0	5,0	10,0
0,15	1,5	4,5	7,5	15,0
0,2	2,0	6,0	10,0	20,0
0,25	2,5	7,5	12,5	25,0
0,3	3,0	9,0	15,0	30,0
0,4	4,0	12,0	20,0	40,0
0,5	5,0	15,0	25,0	50,0
0,75	7,5	22,5	37,0	75,0
1,0	10,0	30,0	50,0	100,0

EIN RECHENBEISPIEL

Wenn Sie 3 Liter Flüssigkeit mit einer Konzentration von 0,4 % benötigen, so brauchen Sie für die Herstellung 12 g bzw. ml der zu verwendenden Substanz.

Pflanzen-stärkungs- und -pflegemittel

Pflanzenstärkungs- und -pflegemittel

Zubereitungen und Wirkungen von pflanzlichen Stärkungsmitteln

Im Folgenden werden verschiedene Pflanzenstärkungs- und -pflegemittel, die zur Stärkung der Pflanzen und gleichzeitig zur Abwehr von Schädlingen und Krankheiten geeignet sind, aufgelistet. Mit Brühen, Tees und Jauchen lassen sich Schädlinge aus dem Garten vertreiben. Aus Kräutern und Gewürzen lässt sich Dünger für den Biogarten bereiten.

Die Erfahrungen mit diesen Mitteln sind sehr unterschiedlich. Ihre Wirkung scheint von verschiedenen Faktoren abzuhängen. Es wird aufgrund von Beobachtungen und Versuchen angenommen, dass die Pflanzenpräparate die Abwehrkräfte der behandelten Pflanzen fördern, indem sie das Zellgewebe stärken. Tees, Extrakte, Brühen und Jauchen zur Kräftigung der Pflanzen und Schädlingsregulierung sind sehr sinnvoll und führen zu keiner Beeinträchtigung, sondern viel mehr zu einer Verbesserung der Pflanzenqualität und belasten zudem die Umwelt nicht. Die unterschiedlichen Rezepturen sind Beweis dafür, dass verschiedene Wege zum Erfolg führen können.

Egal ob Insekten oder Pilze Ihren Pflanzen zusetzen: Gegen die meisten Schädlinge ist ein Kraut gewachsen. Wie man daraus ohne größeren Aufwand Abwehrmittel herstellt und anwendet, wird im Folgenden ausführlich und praxisbezogen beschrieben.

RECHTS
Das Ergebnis eines Versuches mit Lebermoosextrakt gegen Schneckenfraß.

Pflanzenstärkungs- und -pflegemittel

*»Den gelehrten Herrn es sehr verdrießt,
dass alles Große so einfach ist.«*

Pflanzenstärkungs- und -pflegemittel

Ackerschachtelhalm *Equisetum arvense*

Vor ca. 400 Mio. Jahren war der Schachtelhalm baumgroß und bevölkerte riesige Wälder. Der Ackerschachtelhalm, auch »Zinnkraut« genannt, wächst als Unkraut in Feuchtgebieten. Ackerschachtelhalm ist sehr vielseitig, je nach Herstellverfahren als Mittel gegen Pilzkrankheiten, aber auch als Pflanzenstärkungsmittel äußerst positiv einsetzbar. Auch in der Heilkunde wird Ackerschachtelhalm häufig eingesetzt und gilt dort als gewebestärkend. In der europäischen Arzneimittelkunde findet sich das »Schachtelhalmkraut« als offizielle Droge. Phytotherapeuten empfehlen die Pflanzen aufgrund des hohen Kieselsäuregehalts u.a. bei Frostbeulen, Unterschenkelgeschwüren, Stoffwechselanregung. Außerdem ist er auch ein guter Mischungspartner für die Brennnessel.

Das altberühmte »Zinnkraut«, das bis heute als Putzmittel für Zinngeschirr verwendet wird, ist eines der bekanntesten Pilzmittel im biologischen Landbau. Ackerschachtelhalmtriebe enthalten bis zu zehn Prozent Kieselsäure. Im August gesammelter Ackerschachtelhalm hat den höchsten Kieselsäuregehalt. Die Kieselsäure stärkt das Blattgewebe und die Zellwände von Gemüse, Kräutern, Blumen etc. Dadurch können Pilze von den Pflanzen abgehalten werden. Die verschiedenen Anwendungsformen sollten in zehn- bis 14-tägigen Zeitabständen wiederholt werden. Die einzelnen Zubereitungen werden am besten bei Sonnenschein, aber vor der Mittagshitze über Pflanzen und Boden ausgebracht. Die positive pflanzenschützende Wirkung hat nur der Ackerschachtelhalm; Sumpf- oder Waldschachtelhalm sind nicht geeignet.

Pflanzenstärkungs- und -pflegemittel

Ackerschachtelhalmbrühe

ZUBEREITUNG

1 kg frische oder 150 g getrocknete Pflanzen 24 Stunden in 10 Liter Wasser einweichen, danach ca. eine halbe Stunde lang leise kochen, filtern und 1 : 5 verdünnen. Die Brühe ist stark kieselsäurehaltig, wirkt vor allem vorbeugend gegen Pilzkrankheiten. Die Wirkung dieser Brühe kann man durch die Zugabe von 1 % Wasserglas noch verstärken. Der Wirkungsgrad gegen tierische Schädlinge wird erhöht, wenn man ihr entweder 3 % Brennspiritus oder/und 1 % Schmierseife hinzufügt. Um eine optimale Wirkung zu erzielen, sollte die Brühe vom Frühling bis in den Sommer hinein mehrmals ausgebracht werden (evtl. dreiwöchiger Abstand).

ANWENDUNGSMÖGLICHKEITEN

→ Vorbeugend gegen Bodenpilzkrankheiten aller Art, Blattfleckenkrankheiten bei Tomaten und Kartoffeln, gegen Rote Spinne, Milben, Lauchmotten, Monilia und Sternrußtau an Rosen. Bei akuter Gefährdung (z.B. Pilzinfektion) drei Tage hintereinander anwenden. Gegen den Kohlherniepilz Schachtelhalmbrühe über Boden und Jungpflanzen ausbringen.

→ Gegen die Pfirsichkräuselkrankheit sollten die Spritzungen auf das Laub und vor allem auf die Triebspitzen erfolgen und innerhalb von fünf bis zehn Tagen mehrmals wiederholt werden. Erste Behandlung beim Schwellen der noch geschlossenen Knospen.

→ Ein Einsatz vermindert die Keimung und Entwicklung des Bohnenrostes; behandelter Kopfsalat zeigt eine deutlich stärkere Wachsschicht und wurde weniger von pilzlichen und bakteriellen Salatfäulen befallen.

→ Zur Pflege von Zimmerpflanzen 1 : 10 verdünnt ein- bis zweimal monatlich anwenden.

→ Zur Vorbeugung und Bekämpfung der Himbeerrutenkrankheit mit Brennnesselbrühe 1 : 1 vermischen und gefährdete Himbeersträucher angießen.

ACKERSCHACHTELHALM
Pflanzenstärkungs- und -pflegemittel

→ Amerikanischer Stachelbeermehltau (weißlicher Belag auf Blättern und Beeren) ist sehr gut mit Ackerschachtelhalmbrühe, 1 : 5 mit Wasser verdünnt, bekämpfbar. Behandlung vor dem Austrieb, in nassen Jahren auch später noch das Laub behandeln.

→ Gegen Spitzendürre und Fruchtfäule zur Blütezeit mit Ackerschachtelhalmbrühe mehrmals behandeln. Die wichtigste Vorbeugungsmaßnahme ist die Pflanzenhygiene. Falls im Vorjahr Monilia (Spitzendürre und Fruchtfäule) auftrat, ist es unbedingt notwendig, bis spätestens im zeitigen Frühjahr alle Fruchtmumien und abgestorbenen Zweige zu entfernen. Um eine Neuinfektion zu vermeiden, sollte das entfernte Material keinesfalls zum Kompost gegeben, sondern verbrannt werden.

→ Schrotschusskrankheit tritt vor allem an Kirsch- und Pfirsichbäumen in niederschlagsreichen Gegenden auf. Bei starkem Pilzbefall sehen die Blätter so durchlöchert aus, als hätte sie eine Schrotladung getroffen. Beim Austrieb Einsatz von Schachtelhalmbrühe, zusätzlich eventuell Netzschwefel oder Kupfer dazugeben. Vor dem Knospenschwellen Kupfermittel mit maximal 0,05 % Konzentration einsetzen.

Ackerschachtelhalmjauche

ZUBEREITUNG A
1 kg frische Pflanzen oder 200 g getrocknetes Kraut in 10 Liter Wasser ca. acht bis 15 Tage stehen lassen, drei- bis vierfach verdünnt sowie 2 % Spiritus und 1 % Schmierseife, dadurch wird eine wesentliche Verbesserung der positiven Eigenschaften erzielt. Die Ackerschachtelhalmjauche kann während des ganzen Sommers eingesetzt werden.

ANWENDUNG A
→ Gegen saugende, blattfressende Insekten.

ACKERSCHACHTELHALM
Pflanzenstärkungs- und -pflegemittel

ZUBEREITUNG B

1 kg frische Pflanzen oder 150 bis 200 g getrocknetes Kraut in 10 Liter Wasser ca. zehn bis 20 Tage stehen lassen, seihen und anschließend 1 : 5 verdünnen.

ANWENDUNGSMÖGLICHKEITEN B

→ Dient zur Pflanzenstärkung und gegen Bodenpilzkrankheiten. Ein Einsatz gegen Echten Mehltau, Monilia und Kräuselkrankheit bei Pfirsich ist sinnvoll, wirkt auch gegen Blattläuse und die Gemeine Spinnmilbe (schädlichste Art im Gemüsebau).

→ Gegen die »Umfallkrankheit« (pilzliche Mischinfektion) Saatbeete und Anzuchterde vor der Aussaat übergießen.

→ Pflanzensetzlinge sollte man vor dem Auspflanzen mit den Wurzeln kurz in ein Wurzelbad eintauchen, dadurch erzielt man einen guten Schutz vor Bodenpilzen (z.B. Schwarzbeinigkeit [befallen Keimlinge und Gemüsejungpflanzen], Kohlhernie).

→ Zur vorbeugenden und direkten Pilzabwehr sind die Pflanzen vormittags bei sonnigem Wetter zu behandeln. Auch zum Angießen für Kohlarten, Schutzwirkung gegen Kohlhernie gegeben.

Ackerschachtelhalmjauche + 0,3 % Schmierseife

ZUBEREITUNG

Zirka 0,2 kg getrockneten Ackerschachtelhalm in 9 Liter Wasser acht bist 14 Tage stehen lassen, pro Tag mehrmals umrühren. 150 g Schmierseife in 1 Liter heißem Wasser auflösen und der Jauche beigeben, 1 : 5 verdünnt ausbringen.

ANWENDUNG

→ Als Mittel gegen Spinnmilben (verursachen Saugschäden auf der Blattunterseite), bei Sonne dreimal in drei Tagen. Mit dem Ausbringen in den ersten warmen Frühjahrstagen beginnen.

Pflanzenstärkungs- und -pflegemittel

Ackerschachtelhalmtee

ZUBEREITUNG A
1 kg frischen Schachtelhalm oder 150 g getrocknetes Kraut in 10 Liter Wasser 24 Stunden einweichen und mindestens 30 Minuten kochen und danach ziehen lassen.

ZUBEREITUNG B
1 kg frischen oder 150 g getrockneten Ackerschachtelhalm mit 2 Liter Wasser vermischen, kurz aufkochen und ca. 20 Minuten köcheln lassen. Danach abkühlen. Diesen Tee gibt man dann in ein Gefäß mit 8 Liter Wasser und verrührt alles gut. Vor dem Einfüllen in das Spritzgerät filtrieren.

ANWENDUNGSMÖGLICHKEITEN A,B

→ Kann sehr erfolgreich gegen Pilze im Obstbau (z.B. Monilia und Schorf) eingesetzt werden. Ist starker Pilzbefall vorhanden, dann zwei bis drei Tage hintereinander einsetzen und auch den Stamm und die starken Äste damit behandeln.

→ Den fertigen Tee 1:5 verdünnen, gegen Lauchmotten und Spinnmilben einsetzen; durch Zusatz von Brennnesseltee kann die Wirkung verstärkt werden.

→ Gegen Kräuselkrankheit bei Pfirsichen zwei- bis dreimal wöchentlich kurz vor und während des Austriebs, am besten morgens, anwenden.

→ Gegen Mehltau, Grauschimmel (besonders an Erdbeeren), auch sehr gute Wirkung gegen Mehltau bei Rittersporn, zur Kräftigung und Härtung der Pflanzen Tee über die Wurzeln geben. Gegen Malvenrost sollte man die Pflanzen vorbeugend mehrmals besprühen.

ZUBEREITUNG C
250 g getrocknetes Schachtelhalmkraut auf 10 Liter Wasser, eine Stunde kochen. 1:5 bis 1:10 verdünnen. Auch Ackerschachtelhalmtee soll man wie andere Schachtelhalmzubereitungen nur bei Sonne ausbringen.

Pflanzenstärkungs- und -pflegemittel

ANWENDUNGSMÖGLICHKEITEN C

→ Im Obstbau gegen Schorf, Mehltau, Rost und andere Pilzkrankheiten. Flächenspritzung frühzeitig von Ende Jänner bis Ende Februar vornehmen.

→ Wird gegen Stachelbeerenmehltau unverdünnt angewendet. Erste Spritzung vor dem Austrieb, zweite Spritzung vor der Blüte.

Ackerschachtelhalm/Rainfarn-Tee

In den letzten Jahren wurde in Hausgärten teilweise massenhaftes Auftreten von Feuerwanzen festgestellt. Die Feuerwanze wird 9 bis 12mm groß und ist auffallend rot-schwarz gekennzeichnet. Anzutreffen häufig an Kraut, Malvengewächsen oder in der Nähe von Linden (ernähren sich mit Vorliebe von den heruntergefallenen Samen). Die Feuerwanze liebt warme Standorte. Da sie zur Massenvermehrung neigt, kann sie insbesondere im Hausgarten lästig werden. An jungen Blättern kommt es durch die Saugtätigkeit der Wanzen zu Missbildungen und Wachstumsstockungen. Für Mensch und Pflanzen sind diese Tiere jedoch ungefährlich. Aufgrund ihrer Stinkdrüsen haben sie keine natürlichen Feinde.

ZUBEREITUNG

Einen Mischtee aus Ackerschachtelhalm und Rainfarnkraut als Abwehrmittel herstellen. Zuerst wird der Ackerschachtelhalm nach Rezept zubereitet, nach dem Kochvorgang Rainfarnkraut dazugeben und gut einmischen, noch ca. 30 Minuten ziehen lassen, danach filtern. Auf 1 Liter Tee 9 Liter Wasser dazugeben.

ANWENDUNG

→ Diese Mischung entweder mit dem Spritzgerät oder einer Gießkanne auf Gartenboden und Pflanzen aufbringen. Eine mehrmalige Behandlung in den Monaten August bis September ist sehr sinnvoll.

Pflanzenstärkungs- und -pflegemittel

Ampfer *Rumex obtusifolius*

Der Ampfer (Stumpfblättriger Ampfer, Mergelwurz) gilt in vielen Wiesen als lästiges Wurzelunkraut, weitere Standorte sind Äcker, Waldränder und Schuttplätze. Erreicht in Wiesen oft ein problematisch hohes Ausmaß. Die Pflanze wird 50 bis 120 cm hoch, die Blüten sind klein, grün, rot überlaufen. Die Wurzel wurde früher als Heilmittel gegen Ausschläge verwendet. Der Samen hat stopfende Wirkung bei Durchfall.

Ampferextrakt

ZUBEREITUNG

Man nimmt frische, geschälte Wurzeln von mindestens zwei Jahre alten Pflanzen. Die Wurzeln in Stücke schneiden und pürieren. Für 10 Liter Wasser benötigt man 150 g Wurzeln. Die benötigte Menge sollte eine Stunde vor Anwendung ins Wasser gegeben werden, dann filtrieren. Den Brei kann man auch mit weniger Wasser aufbereiten. Dieser kann zur Lagerung auch eingefroren werden.

ANWENDUNG

→ Wirkt hemmend auf die Bildung von Pilzsporen. Anwendungszeitraum ist das Frühjahr. Es ist eine mehrmalige Behandlung in sechs- bis achttägigen Abständen notwendig. Extrakt wird unverdünnt aufgebracht, sehr gute Wirkung gegen Echten Mehltau an Gurkenpflanzen und Apfelbäumen.

Baldrian *Valeriana officinalis*

In der Heilkunde verwendet man die Substanzen aus der Wurzel als Beruhigungs- und Schlafmittel. Der unangenehme Geruch der Wurzel stand früher im Ruf, Teufel und Hexen zu vertreiben. Baldrian bevorzugt feuchte Stellen und ist ausdauernd. Die Blüten duften zart und angenehm.

Man weiß inzwischen, dass Baldrian eine bestimmte Wärmewirkung hat, deshalb wird er auch zum Teil vor bzw. nach Frostnächten auf kälteempfindliche Pflanzen gespritzt. Besonders gefährdet sind früh blühende Apfelbäume, Pfirsich, Pflaume, Kirsche, Birne und Stachelbeere. Baldrianextrakt fördert die Leuchtkraft der Farben und beeinflusst das Aroma der Früchte vorteilhaft.

Baldrianblütenextrakt

ZUBEREITUNG

Für die Extraktherstellung verwendet man frische Blüten. Diese Blüten leicht anfeuchten, mit einem Mixer zerkleinern, auspressen, kühl und verschlossen aufbewahren. 1 bis 5 Tropfen pro Liter handwarmes Wasser, 15 Minuten gut verrühren. Baldrianblütenextrakt wird auch im Handel angeboten.

ANWENDUNGSMÖGLICHKEITEN

→ Baldrianextrakt ist sehr gut als Saatgutbeize verwendbar, er beschleunigt das Auflaufen der Samen.

BALDRIAN
Pflanzenstärkungs- und -pflegemittel

→ Fördert gesundes Pflanzenwachstum und die Blühfähigkeit. Die Spritzungen werden auf den Boden oder über die Pflanzen gegeben. Kälteempfindliches Gemüse eventuell schon am Abend vor der zu erwartenden Frostnacht behandeln. Wenn durch Spätfrost in der Nacht bereits gepflanztes oder aufgegangenes Gemüse Schaden erlitten hat, ist es günstig, in der Früh Baldrianextrakt zu spritzen. Dafür reicht 1 Tropfen Baldrianextrakt auf 1 Liter Wasser, gut umrühren (ca. 15 Minuten) und anwenden. Dies löst einen Wärmeprozess aus. Da die Pflanzen nach der Behandlung leicht welken, muss nach einigen Stunden gut gewässert werden. Wird Baldrianextrakt im Obstbau eingesetzt, so wird dieses Pflanzenstärkungsmittel am Abend vor einer möglichen Frostnacht fein verdüst in die Blüten gesprüht.

→ Zur Aktivierung des Bodenlebens sollte man Baldrian mehrfach während der Kulturperiode anwenden. Spritzungen fördern gesundes Tomatenwachstum und haben einen positiven Einfluss auf Knospenansatz und die Fruchtbildung im Obstbau.

Baldriantee

ZUBEREITUNG
30 bis 50 g Baldrianblüten mit 2 Liter heißem Wasser überbrühen, ziehen lassen und 8 Liter Wasser beifügen, danach unverdünnt anwenden.

ANWENDUNG
→ Dient zur Blattdüngung für blüten- und fruchtbringendes Gemüse, für Blumen und Beeren, wirkt gegen Schadinsekten und Pilzerkrankungen.

→ Wirkt günstig auf Blütenknospenbildung.

→ Blühende Beerensträucher, Weinstöcke, Obstbäume und empfindliches Gemüse (z.B. Bohnen, Basilikum, Tomaten, Frühkartoffeln) spritzt man am besten am Abend mit feinen Düsen, falls Frostgefahr besteht (unter 4 °C).

Basilikum *Ocimum basilicum*

Basilikum stammt wahrscheinlich aus dem tropischen Indien. Als Zauberpflanze steht Basilikumkraut für Stärke und Mut und wirkt erwärmend und anregend. Ein sonniger Standort im Garten ist daher Voraussetzung für eine gute Entwicklung. Basilikum kann man während des ganzen Sommers frisch ernten und in der Küche verwenden. Der reichliche Anteil an ätherischen Ölen (bis 1,5 %) ist Grund dafür, dass dieses wertvolle Küchenkraut auch im biologischen Pflanzenschutz Anwendung findet.

Basilikumtee

ZUBEREITUNG
2 Esslöffel frisches Kraut mit 1 Liter kochendem Wasser überbrühen, abkühlen und unverdünnt einsetzen. Zur Teeherstellung kann sowohl frisches Kraut als auch Trockengutmaterial verwendet werden.

ANWENDUNG
→ Ideales Spritz- und Gießmittel für Zimmerpflanzen gegen Blattläuse, Spinnmilben und die Weißen Fliegen (Mottenschildläuse). Weiße Fliegen kommen besonders in ungenügend gelüfteten Wintergärten und Kleinfolienhäusern vor. Sie verursachen an den Pflanzen durch das Saugen an den Blättern oft große Schäden.

BEINWELL
Pflanzenstärkungs- und -pflegemittel

Beinwell *Symphytum officinalis*

Bei Beinwell handelt es sich um eine altbekannte Heilpflanze, die schon in den Schriften der Hildegard von Bingen oder des Paracelsus erwähnt wurde. Beinwell dient zur Heilung von Wunden, Geschwüren und Knochenbrüchen, wird aber auch als Heiltee verwendet. Es werden nur die oberirdischen Pflanzenteile verwendet. Die Auszüge sind sehr wirkstoffreich, enthalten Gerbstoffe, ätherische Öle u. a. Die Pflanze ist ähnlich universell verwendbar wie das Brennnesselkraut; sie stellt daher eine Alternative zur Brennnessel dar. Beinwell kann man auch gemeinsam mit Brennnesseln verjauchen. Ein Einsatz bei stark nährstoffzehrenden Gemüsearten ist vorteilhaft. Beinwell enthält Stickstoff, Eisen, aber auch Kalium und Silizium. Gilt auch als Anti-Stress-Mittel nach Hagel.

Beinwelljauche (Comfreyjauche)

ZUBEREITUNG
1 kg frische Beinwellblätter zerkleinert oder 150 g getrocknete und 2 Handvoll Ringelblumen auf 10 Liter Wasser, Vergärung und Einsatz wie Brennnesseljauche, 1 : 10 verdünnt gießen.

ANWENDUNGSMÖGLICHKEITEN
→ Dient zur Kräftigung der Pflanzen, Wirkung wie Brennnesseljauche. Enthält hohe Anteile an Spurenelementen und Mineralstoffen sowie die Hauptnährstoffe Stickstoff und insbesondere Kalium.

- → Als stickstoffreicher Dünger, besonders Tomaten und Kohl sind für Beinwelljauche dankbar; die Jauche sollte möglichst einmal pro Woche verabreicht werden.

- → Als gesundheitsstärkende Blattdüngung wird sie ca. zweimal monatlich auf die Pflanzen 1 : 10 verdünnt gesprüht bzw. als Nährbrühe 1 : 10 verdünnt in den Wurzelbereich der Pflanzen gegossen.

- → Beinwelljauche unverdünnt eignet sich sehr gut als Kompostbeigabe. Fördert die Umsetzungsvorgänge und führt zu besserem Kompost.

Beinwellkaltwasserauszug

ZUBEREITUNG
Dazu nimmt man auf 10 Liter Wasser ca. 1 kg Beinwellfrischmasse (Blütenstände entfernen), 24 Stunden einweichen, danach seihen und 1 : 9 mit Wasser verdünnen.

ANWENDUNG
- → Damit Rosenstöcke kräftig eingießen. Hilft die Widerstandskraft der Rosen zu fördern.

BIRKE
Pflanzenstärkungs- und -pflegemittel

166

Birke *Betula verrucosa*

Die Birke gehört zu den genügsamsten Holzarten. Es gibt mehr als 50 Arten in Europa. Von alters her gilt die Birke als heiliger Baum, die für die Fruchtbarkeitsfeste im Frühling die jungfräuliche Göttin symbolisiert. Man nutzte die Birke auch als Zaubermittel. Als Pionierbaum nimmt es die Birke mit nahezu jedem sonnigen Standort auf. Im Garten hat sie keine großen Freunde, da ihr Wachstum sehr rasch ist und sie dabei viel Wasser und Nährstoffe aus dem Boden zieht. In der Heilkunde werden die Blätter der Birke vor allem für Haut und Haare eingesetzt. Die Birken sind sehr lichtbedürftig und wachsen rasch.

Birkenblätterjauche

ZUBEREITUNG
Zirka 1 kg grünes Laub auf 10 Liter Regenwasser für die Verjauchung verwenden, fünffach verdünnt einsetzen.

ANWENDUNG
→ Zur Verhinderung von Schorfbefall auf Blüten und Blätter sprühen. Rechtzeitig ab Austriebsbeginn mehrmals behandeln. Schorf ist die bedeutendste Pilzkrankheit im Kernobstbau. Häufige Niederschläge im Frühjahr können bei empfindlichen Sorten Ertragsverluste bis 70% verursachen.

Brennnessel Urtica dioica, Urtica urens

Die Brennnessel dürfte wohl die bekannteste Pflanze im biologischen Gartenbau sein und gilt als »Königin der Beikräuter«. Sie kann je nach Herstellungsverfahren als Stärkungs-, aber auch als Pflanzenschutzmittel wirksam werden. In den mittelalterlichen Klöstern waren Brennnesselsamen streng verboten, da sie seit der Antike im Ruf stehen, die Liebeslust des Essers anzufeuern. Für Hippokrates, den berühmtesten Arzt der Antike, zählte die Brennnessel zu den wichtigsten Heilpflanzen zur Vermeidung von Blutarmut und Eisenmangel. Brennnesseln sind ein Paradies für Schmetterlinge. Die Brennnessel-Ecke ist heute keinesfalls mehr verpönt, denn diese Pflanzen gelten als Nahrung für die Schmetterlingsraupen des Tagpfauenauges. Ein amerikanisches und chinesisches Forscherteam hat festgestellt, dass die Brennnessel und die Rose genetisch sehr nahe sind.

Etwa 50 Schmetterlingsarten freuen sich auf eine Brennnessel-Unterkunft. Einige wie etwa Tagpfauenauge, Kleiner Fuchs, Admiral benötigen sie für die Erhaltung der eigenen Art.

Die »brennenden« Wirkstoffe der Brennnessel sind vorwiegend das Nesselgift und die Ameisensäure. Die Brennnessel ist bekannt als altes Heilmittel, ist reich an Vitamin A, Vitamin-C und Mineralstoffen. Brennnesseln wachsen auf stickstoffreichen Böden. In dieser Hinsicht sind sie somit ein Anzeiger für humose, lockere und stickstoffreiche Böden. Die Brennnessel ist eine »Gesundmacherpflanze« – nicht nur für Menschen, sondern auch für Böden und

BRENNNESSEL
Pflanzenstärkungs- und -pflegemittel

kranke Pflanzen. Eine schwedische Studie ergab, dass die Frühjahrsbrennnessel (Ernte im Mai) den höchsten Gehalt an Hauptnährstoffen besitzt. Dagegen ist der Gehalt an Trockenmasse, Schwefel, Magnesium und Eisen kleiner als bei später geernteter Ware.

Brennnesselbrühe

ZUBEREITUNG
1 kg frisches oder ca. 200 g getrocknetes Kraut in 2 Liter Wasser aufkochen, 1 : 10 verdünnt anwenden.

ANWENDUNG
→ Dient zur Kräftigung der Pflanzen und gesunden Wachstumsförderung. Bei Obstbäumen wirkt sich verdünnte Brennnesselbrühe als Nachblütenspritzung günstig auf den Fruchtansatz aus.

Brennnessel/Ackerschachtelhalm-Brühe

ZUBEREITUNG
½ Liter Brennnesselbrühe plus ¾ Liter Schachtelhalmbrühe, 1 : 20 bis 1 : 50 verdünnen. An drei Tagen hintereinander spritzen, in den ersten warmen Tagen im Frühjahr beginnen (gilt für Spinnmilben).

ANWENDUNG
→ Gegen Spinnmilben und Blattläuse.

Pflanzenstärkungs- und -pflegemittel

Brennnesseljauche (beißende) + Schmierseife

ZUBEREITUNG

1 kg frische Brennnesseln in 9 Liter Wasser maximal 24 Stunden stehen lassen, einige Male umrühren. 200 g Schmierseife in heißem Wasser (1 Liter) lösen und der Jauche beigeben.

ANWENDUNG

→ Unverdünnt gegen Blattlaus und Mehlige Apfelblattlaus einsetzen, eventuell wiederholen. Die Mehlige Apfelblattlaus ist grau bis rötlichbraun gefärbt und scheint mehlig bepudert. Sie verursacht durch ihre Saugtätigkeit sehr starke Blattrollungen, vor allem an den Triebspitzen.

Brennnesseljauche (gärende)

ZUBEREITUNG

Die gärende Jauche wird zur direkten Schädlingsabwehr (z.B. Blattläuse, Spinnmilben) eingesetzt. Die Jauche ist nach ca. vier Tagen Ansetzzeit zu verwenden und muss 1:50 verdünnt werden, damit eine Schädigung für Pflanzen ausgeschlossen ist.

ANWENDUNG

→ Gegen Blattläuse, Spinnmilben und zur Pflanzenstärkung.

Brennnesseljauche (reife)

ZUBEREITUNG

10 kg frisches Kraut in 100 Liter Regenwasser ansetzen. Zum Angießen von Setzlingen eine Konzentration von 1:20, zur Stärkung und Kräftigung wöchentlich einmal alle Pflanzen mit einer Konzentration von 1:50 gießen. Zum Düngen von großen Pflanzen wird 1:10 verdünnt. Zur Bodenverbesserung im Frühjahr kann die Jauche unverdünnt auf den Boden aufgebracht werden. Die Wirkung einer solchen Spritzung setzt nach etwa drei bis fünf Stunden ein und

Pflanzenstärkungs- und -pflegemittel

erreicht nach ca. zwölf Stunden den Höhepunkt. Bekämpft Pilzkrankheiten am Blatt und im Boden. Die Brennnesseljauche ist reich an Kalzium, Kalium, Stickstoff (ca. 40 % Ammonium-Stickstoff) und Eisen. Eisen stärkt das Immunsystem der Rebe.

Die Jauche wird verwendet zur Wachstumsförderung und Stärkung bei allen Gemüsepflanzen, aber auch für Obst und Blumen. Nachblütenspritzungen wirken sich günstig auf den Fruchtansatz bei Obstbäumen aus. Die Brennnesseljauche hat eine enorm triebige Wirkung. Es ist daher besonders bei Lagergemüse Vorsicht geboten, da die Lagerfähigkeit negativ beeinflusst werden könnte. Bei fein verdüster Teeanwendung treten solche negativen Einflüsse nicht auf. Brennnesseljauche zieht den Kohlweißling an.

ANWENDUNGSMÖGLICHKEITEN

→ Wirkung wie Brühe, Aktivierung des Bodenlebens und Kräftigung der Pflanzen, dient auch zur vorbeugenden Schädlingsabwehr, daher ab dem Frühjahr einmal wöchentlich ausbringen. Neben allgemeiner Pflanzenstärkung ist gleichzeitig eine biologische Stickstoffdüngung zu verzeichnen. Tomaten sollten damit vor allem während der Blüte angegossen werden.

→ 1:10 verdünnt gut geeignet als Wurzelbad für Topfpflanzen.

Brennnesselkaltwasserauszug

ZUBEREITUNG
1 kg frisches Kraut auf 10 Liter Wasser zwölf bis 24 Stunden stehen lassen, seihen und dann unverdünnt spritzen. Ein solcher Auszug kann auch vorteilhaft in Kombination, beispielsweise mit Wermut- oder Rhabarberauszug, angesetzt werden.

ANWENDUNG
→ Gute Wirkung gegen Blattläuse (vor allem an Rosen) und Weiße Fliegen im Gewächshaus. Die Spritzung sollte wöchentlich wiederholt werden. Der Läusebefall darf nicht zu groß sein.

Pflanzenstärkungs- und -pflegemittel

Brennnessel/Wermut-Tee

ZUBEREITUNG
600 g frische Brennnesseln und 100 bis 200 g Wermut mit 4 Liter heißem Wasser überbrühen, ziehen lassen, danach 6 Liter Wasser beifügen, abkühlen und 1 : 4 verdünnt einsetzen.

ANWENDUNG
→ Wirkung gegen Grüne Blattlausarten (z.B. Apfel- und Zwetschgenbaum). Sie beginnen mit ihrer Saugtätigkeit im zeitigen Frühjahr, vielfach noch vor dem Öffnen der Knospen und saugen an den eben sichtbar werdenden, jungen Blättchen. Brennnesseltee, morgens an Blatttagen auf Blätter gespritzt, regt vitale Kräfte an, günstig für Mangan- und Eisenprozess.

Eberraute *Artemisia abrotanum*

Die dekorative und winterharte mehrjährige Pflanze wurde früher dazu verwendet, um den männlichen Bartwuchs anzuregen. Eberraute wirkt entzündungshemmend und fiebersenkend. Eberraute enthält neben ätherischen Ölen und Gerbstoffen auch Vitamin-C. Sie ist auch ein wertvolles Küchenkraut und wird in der Branntweinherstellung zur Aromatisierung verwendet. Eberraute ist eine schwierige Partnerin im Kräuterbeet. Der Duft der Eberraute soll Müdigkeit vertreiben.

Pflanzenstärkungs- und -pflegemittel

Eberrautentee

ZUBEREITUNG

Für die Teezubereitung kommt entweder frisches Pflanzenmaterial oder getrocknetes Pflanzengut zum Einsatz. Zwei Esslöffel getrocknetes, gerebeltes Kraut mit einem Liter heißem Wasser überbrühen, nach Abkühlung des Tees wird dieser meist unverdünnt eingesetzt.

ANWENDUNG

→ Teespritzungen gegen Blattläuse, gute Benetzung beachten.

Efeu *Hedera helix*

Der immergrüne Efeu ist ein Araliengewächs mit drei- bis fünffach gelappten Blättern. Die Kletterpflanze, die bis zu 20 m hoch wächst und sich dabei mit Haftwurzeln festhält, ist in West-, Mittel- und Südeuropa weit verbreitet. In der Antike galt Efeu als Symbol der Freude, der Gesellenigkeit und der Jugend. Wo man ihn gewähren lässt, da kann er eine Lebensdauer von Jahrhunderten erreichen. In der Naturmedizin kommt Efeu als hustenlösendes Mittel sowie bei der Rheumabekämpfung zur Anwendung.

Efeublättertee

ZUBEREITUNG

Für die Herstellung von Tee werden nur die Blätter verwendet. 150 g frische Blätter mit 5 Liter kochendem Wasser übergießen. Efeutee sollte man vor der Verwendung einige Stunden ziehen lassen und 1:5 verdünnt einsetzen.

ANWENDUNG

→ Gegen Blattläuse und saugende Insekten; regelmäßige Spritzungen mindern bei Äpfeln die Schorfanfälligkeit. Efeuextrakte zeigen eine sehr gute parasitäre Wirkung gegen Apfelschorf, die unabhängig von der Extraktionsmethode (Wasser, Ethanol) ist.

Eiche *Quercus robur*

Die Stieleiche (auch Sommereiche genannt) hat in Mitteleuropa eine besondere Bedeutung. Der Baum wird bis zu 50 m hoch und besitzt eine starke Pfahlwurzel. An Inhaltsstoffen sind Gerbstoffe, Bitterstoffe, Zitronensäure und Harz vorhanden. Die Wirkung geht in erster Linie von den enthaltenen Bitterstoffen aus. Daher werden Auszüge aus dieser Pflanze besonders dort aufgebracht, wo Insekten und Raupen Fraßschäden verursachen. Präparate im biologisch-dynamischen Landbau werden aus der Rinde (enthält ca. 77 % Kalzium) gewonnen. Auszüge aus Eichenrinde werden auch in der Medizin eingesetzt. Hilft bei Hautunreinheiten, Ekzemen, aber auch Entzündungen der Magen- und Darmschleimhaut.

EICHE
Pflanzenstärkungs- und -pflegemittel

Eichenblätterjauche

ZUBEREITUNG

Frische Eichenblätter und Rindenstücke von jungen Bäumen und Zweigen verwenden. Rinde, Blätter zerkleinern, Früchte grob mahlen. 1 kg auf 10 Liter Regenwasser verjauchen, fünf- bis zehnfach verdünnen.

ANWENDUNGSMÖGLICHKEITEN

-> Gegen fast alle fressenden und saugenden Insekten im Hausgarten einsetzbar.

-> Unverdünnt sehr gut zum Vertreiben von Ameisen geeignet.

Eichenblättertee

ZUBEREITUNG

Aus frischen Blättern oder aus frischer Rinde der Stieleiche (viel Gerbsäure) hergestellt. Sammeltermin Mai und Juni. Für 1 Liter Wasser benötigt man ca. 3 Esslöffel Blätter/Rinde, 15 Minuten kochen, nach Abkühlung verwenden.

ANWENDUNG

-> Direkt auf die von Blattläusen befallenen Pflanzen sprühen.

Eichenrindenbrühe

ZUBEREITUNG

100 g Rinde (Rinde, Blätter zerkleinern, Früchte grob mahlen) 24 Stunden in 1 bis 3 Liter Wasser einlegen, eine halbe Stunde leicht kochen lassen, filtern und mit Wasser auf 10 Liter ergänzen, abkühlen.

ANWENDUNG

-> Unverdünnt einsetzbar gegen verschiedene Pilze.

-> Gegen fressende und saugende Insekten, auch Ameisen.

Pflanzenstärkungs- und -pflegemittel

Farnkraut Pteridium aquilinum, Dryopteris filix-mas

Farne lieben halbschattige, feuchte Standorte. Sie sind daher vorzugsweise in lichten Buchenwäldern, an Bachrainen und an Waldrändern anzutreffen. Farne zählen zu den ältesten Pflanzen der Erde und wurden einst so groß wie heutzutage Bäume. Man kann den Adlerfarn (Pteridum aqulinium) wie auch den Wurmfarn (Dryopteris filix-mas) verwenden. Der Adlerfarn zählt zur Familie der Adlerfarngewächse, der Wurmfarn gehört zur Familie der Schildfarne. Im Frühjahr sind die Blattwedel des Wurmfarns noch eingerollt und sehen aus wie kleine Bischofsstäbe.

Der bekannte Adlerfarn hat eine starke vegetative Vermehrung durch einen lang kriechenden Wurzelstock, deshalb häufig in großen Beständen vorkommend. Er wird allgemein gegen Blattläuse eingesetzt. Der Adlerfarn besitzt einen hohen Kaligehalt und kann deshalb bei Mangel als Nährstoffausgleich wirken. Der Wurmfarn findet speziell gegen Schild-, Schmier- und Blutläuse Anwendung. Der Wurmfarn wird bis zum heutigen Tag als Wurmmittel geschätzt. Zur Ernte sollen die Farnwedel bereits voll entwickelt sein. Günstig ist daher der Sommertermin von Juni bis September. Die Blätter können nach dem Trocknen zu Grobpulver verrieben werden.

FARNKRAUT
Pflanzenstärkungs- und -pflegemittel

Farnkrautbrühe

ZUBEREITUNG

5 kg frisches oder ½ bis 1 kg trockenes Material in 10 Liter Wasser als Brühe zubereiten. Vorher 24 Stunden in Wasser einlegen, dann eine halbe Stunde schwach kochen lassen.

ANWENDUNGSMÖGLICHKEITEN

→ Unverdünnt im beginnenden Frühjahr dreimal im Abstand von einer Woche direkt auf die betroffenen Pflanzen spritzen, gegen Schild-, Schmier-, Blutläuse; Farnkrautbrühe mobilisiert Kalium im Boden und Kompost.

→ Gegen Schnecken mit unverdünnter Brühe auf Boden und Pflanzen spritzen.

→ Unverdünnt gegen Schild-, Schmier- und Blattläuse; als Winterspritzung für Reben, Bäume und Beerensträucher einsetzbar.

Farnkrautjauche

ZUBEREITUNG

1 kg frisches oder etwa 200 g getrocknetes Farnkraut (Blattwedel) für 10 Liter Wasser, 1:10 verdünnen. In der Hauptvegetationszeit kann man Adlerfarnjauche auch unverdünnt zum Einsatz bringen.

ANWENDUNGSMÖGLICHKEITEN

→ Gegen Rostpilze, fressende und saugende Insekten (Blatt- und Blutläuse, Schnecken), behebt Kalimangel; bei Winterspritzungen unverdünnt einsetzen. Gegen Blattläuse 1:10 verdünnt anwenden.

→ Als Winterspritzung für Sträucher, Reben, Bäume und Beerensträucher unverdünnt aufbringen. Hat gleiche Wirkung wie Farnkrautbrühe.

FARNKRAUT
Pflanzenstärkungs- und -pflegemittel

Farnkrautextrakt

ZUBEREITUNG

5 g getrocknetes Farnkraut auf 1 Liter Wasser, ca. 24 Stunden ziehen lassen, filtern und unverdünnt anwenden.

ANWENDUNGSMÖGLICHKEITEN

- Eignet sich zum Ausbürsten von Schildlaus- und Blutlausnestern; für Winterspritzungen unverdünnt einsetzen. Wer erst im Juni/Juli seine Pflanzen behandelt, sollte eine schwächere Konzentration verwenden.

- Gegen fressende und saugende Insekten 50 Tropfen Extrakt auf 5 Liter Wasser.

Farnkrautkaltwasserauszug

ZUBEREITUNG A

100 g getrocknete, pulverisierte Wurmfarnblätter auf 10 Liter Wasser, diese Mischung lässt man 24 Stunden stehen, danach unverdünnt einsetzbar.

ANWENDUNG A

- Im Winter an frostfreien Tagen auf Stamm und Äste gespritzt, wirkt er sehr gut gegen Blut- und Schildläuse an Obstgehölzen.

ZUBEREITUNG B

Es ist auch möglich, eine Vorratslösung herzustellen, dies geschieht wie folgt: 10 g pulverisierte Wurmfarnblätter auf 1 Liter Wasser in eine verschließbare Flasche geben und öfters schütteln, nach ca. zwei Wochen ist der Auszug gebrauchsfertig.

ANWENDUNG B

- Dieser Kaltwasserauszug wird 1 : 10 verdünnt gegen Blut- und Schildläuse verwendet. Sind nur »gewöhnliche« Blattläuse vorhanden, so wird eine Verdünnung von 1 : 50 gewählt. Schildläuse können im Obst- und Weinbau, aber auch bei Zierpflanzen auftreten. Der Honigtau, den die meisten Schildlausarten absondern, verklebt die Blätter der Pflanzen und zieht verschiedene Rußtaupilze an. Starker Befall kann zur Schwächung der Pflanzen führen.

Farnkrauttee

ZUBEREITUNG
100 g getrocknete oder ca. 1,5 kg frische Blätter mit 10 Liter Wasser überbrühen, danach kühlen und vor dem Einsatz filtrieren.

ANWENDUNG
→ Zur Bekämpfung von Schildläusen 1 : 5 verdünnt spritzen.

Fenchel *Foeniculum vulgare*

Fenchel ist ein typisches Mittelmeergemüse. Er liebt daher warme Standorte. Dieses gesunde Gemüse, das besonders dem Magen und dem Verdauungstrakt wohltut, wächst meist als Nachkultur in zweiter Tracht. Fenchel wird in der Küche, in der Naturheilkunde sowie in der Pflanzenpflege verwendet. Die Frühjahrstriebe liefern ab Mai eine ausgezeichnete Pflanzenjauche.

FENCHEL
Pflanzenstärkungs- und -pflegemittel

Fencheljauche

ZUBEREITUNG

Aus den Frühjahrstrieben des Sommerfenchels (1 kg frische Triebe auf 10 Liter Wasser) wird die Pflanzenjauche hergestellt, diese wird ca. 1 : 20 verdünnt ausgebracht.

ANWENDUNG

→ Förderung des Pflanzenwuchses. Gute Düngerwirkung im Wechsel mit Brennnessel- oder Beinwelljauche.

Fenchelöl

Dafür wird der Gewürzfenchel, auch bekannt als römischer Fenchel, verwendet. Aus getrockneten, gemahlenen Fenchelsamen wird Fenchelöl hergestellt. Im Handel ist es als HF-Pilzvorsorge erhältlich. HF-Pilzvorsorge ist kein reines Fenchelextrakt, sondern enthält noch zusätzliche Stoffe wie zum Beispiel Kaliseife, Fettsäureesther.

ANWENDUNG

→ Dieses Pflanzenstärkungsmittel wird gegen Echten Mehltau und Rostkrankheiten eingesetzt. Einsatz bei Rosen, Verbenen, Stachelbeeren, Zucchini und im Obstbau, wird aber auch erfolgreich im Weinbau angewendet. Blattoberseite und Blattunterseite gut benetzen, auf richtige Dosierung wegen akuter Verbrennungsgefahr achten! Aufwandsmenge max. 0,4 %ig.

Spritzungen mit HF-Pilzvorsorge dürfen nicht in praller Sonne durchgeführt werden, also in den Abendstunden oder bei bedecktem Himmel ausbringen. Verbesserte Wirkung in Kombination mit Kaliwasserglas.

GROSSE KLETTE
Pflanzenstärkungs- und -pflegemittel

Große Klette *Arctium lappa*

Diese Pflanze findet man häufig auf unbebautem Brachland, an Weg- und Waldrändern. Sie ist eine zweijährige Pflanze und hat eine verholzende Pfahlwurzel. Die Wuchshöhe beträgt 80 bis 120 cm. Aus der Wurzel wird Öl hergestellt, welches in der Kosmetik verwendet wird. Als Heilpflanze unterstützt sie Pflanzen in ihrer Widerstandskraft gegen Pilzkrankheiten. Die Große Klette wirkt gegen Haarausfall und Hautleiden, außerdem ist sie blutreinigend und entgiftend.

Große Klette-Jauche

ZUBEREITUNG
Auf 10 Liter Wasser kommt 1 kg frisch geerntetes Pflanzenmaterial. Die Jauche ist sehr geruchsintensiv und soll nach der Vergärung aufgebracht werden. Die Verdünnung beträgt 1 : 20 und wird über die Blätter gespritzt.

ANWENDUNG
→ Hilft gegen die Kraut- und Braunfäule bei Kartoffeln. In 10-tägigen Abständen 2 bis 3 Behandlungen. Auch zur Stärkung anderer Pflanzen geeignet.

Hirtentäschel *Capsella bursa-pastoris*

Ein- bis zweijähriges Kraut, ca. 40 cm hoch, besitzt einen aufrechten Stängel mit rosettenartigen Laubblättern. Die weißen Blüten bilden einen doldenartigen Blütenstand aus. Hirtentäschel wird als Blutreinigungsmittel zur Frühjahrskur empfohlen. Die Pflanze zählt zu den besten blutstillenden Heilpflanzen. Bei Leber- und Gallenleiden verwendet die Volksmedizin das Hirtentäschel. In letzter Zeit spricht man über die Herz- und Kreislaufwirksamkeit dieser Pflanze. Sie ist anspruchslos und gedeiht auf fast allen Böden.

Hirtentäschelbrühe

ZUBEREITUNG
Zur Brühenherstellung kann man frisches Pflanzenmaterial, aber auch Trockengut verwenden. Das Hirtentäschel eignet sich auch zur Jauchenherstellung.

ANWENDUNG
→ Einseitig beanspruchte Böden sind für eine Brühenbehandlung dankbar. Kulturen, die unter übergroßer Hitzeeinwirkung oder aus sonstigen Gründen in Mitleidenschaft gezogen wurden, reagieren positiv auf Spritzungen.

Holunder Sambucus nigra

Kaum eine andere Pflanze wurde von unseren Vorfahren so geschätzt wie der Holunder. Man begegnete ihm mit Respekt und Verehrung. »Vor dem Holunder Hut herunter«, lautete ein geläufiges Sprichwort. Der Holunder ist eine uralte Heilpflanze und durfte früher in keiner Hausapotheke fehlen. Aber auch als Wohnsitz der beschützenden Hausgötter war der Holunder im Volk berühmt. Die Sträucher lieben feuchten und nährstoffreichen Boden.

Die Blatternte ist während des ganzen Sommers möglich. Die Pflanze kommt sowohl in Baum- als auch in Strauchform vor und wird 7 bis 10 m hoch. Die Färber im antiken Griechenland und Italien nutzten Holunder intensiv zum Färben von Stoffen und Leder.

Holunderblätterjauche

ZUBEREITUNG
Man nimmt 1 kg frische Holunderblätter auf 10 Liter Wasser für eine Jaucheherstellung. Wird Herbstlaub verwendet, benötigt man die doppelte Menge an Blättern. Die fertige Jauche ist vielseitig zu verwenden.

ANWENDUNGSMÖGLICHKEITEN
→ Vertreibung von Raupen und Wühlmäusen (eingießen mit unverdünnter Jauche aus Holunderblättern in die Gänge oder diese um gefährdete Pflanzen aufbringen). Es wird sogar berichtet, dass es bereits genügt, Holunderzweige

Pflanzenstärkungs- und -pflegemittel

in die Gänge zu schieben, um die Tiere zu vertreiben. Man kann jedoch auch Holunder zerkleinern (z.B. mit dem Mixer). Dieser Brei wird mit Steinmehl vermengt und die Paste löffelweise in das Gangsystem von Wühlmäusen gegeben. Zur Ameisenvertreibung Jauche in die Nester gießen.

→ Gegen Erdflöhe. Die gefährdeten Pflanzen mit Holunderjauche übergießen oder den Boden mit Holunderblättern mulchen.

→ Zur Regulierung von Erdflöhen 1 : 7 verdünnen und den Boden um die Pflanze gießen. Vorbeugend auch gegen den Kohlweißling und die Erdraupen einsetzbar.

Kamille *Matricaria chamomilla*

Als einjährige oder auch zweijährige Pflanze gedeiht bei uns die Echte Kamille (hochgewölbter Blütenboden). Sie dient zur Gewinnung von Tee und als Nahrung für unsere Bienen. Die Kamillenblüten sind reich an ätherischen Ölen und anderen wichtigen Wirkstoffen. Als Kosmetikmittel wird Kamille für entzündete Haut, Akne sowie trockene und rissige Haut eingesetzt. Die Kamille liebt sonnige Plätze und kann erfolgreich zur Kompostierung bzw. als Pflanzenstärkungsmittel eingesetzt werden. Die Kamille zählt zu den beliebtesten Heilpflanzen in Europa. Gesammelt werden die Blüten und das Kraut (von Juni bis August).

KAMILLE
Pflanzenstärkungs- und -pflegemittel

Kamillenauszug

ZUBEREITUNG
Eine Handvoll getrockneter Kamillenblüten in 1 bis 2 Liter Wasser zwölf bis 24 Stunden ziehen lassen, seihen und auspressen, dann 1 : 5 verdünnen.

ANWENDUNG
Wirkt fäulnishemmend, fördert gesundes Pflanzenwachstum und schützt vor Boden- und Wurzelkrankheiten. Sehr gut verwendbar gegen Grauschimmel an Erdbeeren.

Kamillenbrühe

ZUBEREITUNG
Entsprechende Pflanzenmenge 24 Stunden in Regenwasser einweichen, danach aufkochen, ca. 20 Minuten ziehen lassen, abkühlen und 1 : 5 verdünnt verwenden.

ANWENDUNG
Kräftigt allgemein und hilft gegen Blatt- und Blutlaus, Himbeerrutenkrankheit (im zeitigen Frühjahr drei Tage hintereinander Pflanzen behandeln und nach zwei Wochen wiederholen). Verletzungen der Rinde stellen bevorzugte Eintrittspforten für den Himbeerrutenpilz dar.

Kamillenjauche

ZUBEREITUNG
In 1 bis 2 Liter Wasser gibt man eine Handvoll getrockneter Kräuter und lässt sie drei bis vier Tage ziehen. Die Verdünnung soll ca. 1 : 5 betragen.

ANWENDUNG
Fördert ebenfalls gesundes Pflanzenwachstum und schützt Pflanzen vor möglichen Wurzelkrankheiten. Die Jauche sollte mehrmals in der Vegetationszeit eingesetzt werden.

Pflanzenstärkungs- und -pflegemittel

Kamillentee

ZUBEREITUNG

Zubereitung mit frischen oder getrockneten Blüten möglich. Es ist 1 gehäufter Teelöffel Blüten für 1 Tasse Wasser ausreichend. Die Kamillenblüten mit kochendem Wasser überbrühen, zehn Minuten zugedeckt stehen lassen.

ANWENDUNG

→ Der Tee kann unverdünnt als Pilzvorsorgemittel, besonders gegen Grauschimmel an Erdbeeren zur Anwendung kommen. Im Wein- und Obstbau in der Früh auf die Blätter gespritzt, regt er den Kalziumprozess an und stärkt so die Pflanzen.

→ Gute Wirkung bei Reben, die unter Trockenheit leiden (z.B. Syrah) und Trauben, die schwer reifen.

Kamillentee (ganze Pflanze)

ZUBEREITUNG

75 g getrocknetes oder 750 g frisches Pflanzenmaterial mit 4 Liter heißem Wasser überbrühen, einige Zeit (fünf bis zehn Minuten) ziehen lassen, 6 Liter Wasser dazugeben und einsetzen.

ANWENDUNGSMÖGLICHKEITEN

→ Gegen Blatt- und Blutläuse unverdünnt, als Pflanzenstärkungsmittel 1:2 verdünnt anwenden.

→ Als Saatgutbeize und Kompostbeigabe unverdünnt einsetzen. Auch einsetzbar bei Erdbeeren gegen Grauschimmelbefall (Schwächeparasit, Gefahr vor allem in nassen Jahren).

KAPUZINERKRESSE
Pflanzenstärkungs- und -pflegemittel

Kapuzinerkresse *Tropaeolum majus*

Die Kapuzinerkresse stammt aus den Urwäldern Südamerikas. Von dort gelangte die frostempfindliche Pflanze um 1600 nach Europa. Sie ist eine hübsche Würz- und Blütenpflanze und sollte in keinem Biogarten fehlen. Die Blüten eignen sich zum Garnieren von Salaten und Suppen. Die Kresse ist reich an Schwefel und antibiotischen Substanzen. Die Blätter können während des ganzen Sommers gepflückt werden. Blätter, Blüten, Knospen und Samen der Kapuzinerkresse sind essbar. Als Untersaat zu Rosen, Tomaten und Obstbäumen entfaltet sie eine Wirksamkeit gegen Blatt-, Blut-, Wollläuse, Raupen und Ameisen.

Kapuzinerkresseauszug

ZUBEREITUNG
Für 10 Liter Regenwasser benötigt man 1kg frische, zerkleinerte Kapuzinerkresse. Diesen Ansatz lässt man maximal drei Tage ziehen, häufiges Umrühren ist vorteilhaft. Der Auszug darf nicht in Gärung übergehen.

ANWENDUNG
→ Dieser Auszug wird 1:1 verdünnt und wegen des hohen Schwefelgehaltes vorzugsweise zu Krautpflanzen ausgebracht. Der Kaltwasserauszug kann jedoch auch anderen Jauchen beigefügt werden.

Kapuzinerkressetee

ZUBEREITUNG

Zwei Handvoll grünes, frisches Kraut in ein Gefäß geben, mit kochendem Wasser übergießen, eine viertel Stunde gut umrühren, seihen, in einem dunklen, geschlossenen Gefäß (Flasche) aufbewahren.

ANWENDUNG

→ Unverdünnt gegen Blutlaus (kommt häufig auf Apfelbäumen vor) und Schildlaus einsetzbar; desinfizierend bei Krebswunden (auswaschen). Gegen Blattläuse 1 : 10 verdünnt sprühen.

Knoblauch *Allium sativum*

Knoblauch ist der beste Freund des Gärtners. Knoblauch ist seit alters her als Heilpflanze und Bannmittel bekannt. Die alten Germanen bannten mit seiner Hilfe vor allem böse Geister aller Art. Knoblauch galt früher als magische Zauberpflanze. Eine Knoblauchzehe, an einem gelben Faden aufgehängt, schützt angeblich vor Verzauberung, Vampiren, Diebstahl etc.

Es ist bekannt, dass die Griechen, Römer und Germanen den Knoblauch als Gewürz und Heilmittel gleichermaßen schätzten. Knoblauch wirkt vorbeugend gegen Pilzkrankheiten und diverse Gartenschädlinge. Im biologischen

KNOBLAUCH
Pflanzenstärkungs- und -pflegemittel

Pflanzenschutz wird Knoblauch wegen der Vielfalt seiner Wirkstoffe, insbesondere wegen der hohen Anteile organischer Schwefelverbindungen, gerne verwendet. Die Pflanzen lieben einen sonnigen Standort und danken dafür mit hohen wertvollen Wirkstoffgehalten. In den letzten Jahren wird wieder vermehrt der Weingartenknoblauch von Bio-Winzern angebaut. Dieser Knoblauch ist eine alte Landsorte und hat eine hervorragende Qualität. Es handelt sich dabei um einen Schlangenknoblauch mit gewundenem Schaft. Teilweise wird er auch auf Äckern gezielt kultiviert. Man verwendet nur Zehen ausgereifter Knoblauchzwiebeln. Nicht vergessen: Bohnen, Erbsen, Kohl und Lupinen wollen keinen Knoblauch!

Knoblauchauszug

ZUBEREITUNG A
Zirka 150 g Knoblauch, fein gehackt, plus 2 Teelöffel Paraffinöl und 100 g Schmierseife. Knoblauch in 8 Liter Wasser geben und in einer Zeit von 24 Stunden mehrmals durchrühren. Schmierseife in 2 Liter heißem Wasser auflösen und mit dem Paraffin dem fertigen Auszug beimischen, gut durchrühren und filtrieren.

ANWENDUNG A
→ Dieser Auszug soll unverdünnt bei Befall von Bakterienkrankheiten (z.B. Welke und Stängelfäule) auf Pflanzen und Boden gespritzt werden.

ZUBEREITUNG B
3 bis 5 Knoblauchzehen werden in 1 Liter Wasser kalt angesetzt und über Nacht stehen gelassen, danach unverdünnt einsetzen.

ANWENDUNG B
→ Mit dem Auszug in der Früh die Tomaten gegen die Krautfäule einsprühen. Die Behandlung muss öfters wiederholt werden.

Pflanzenstärkungs- und -pflegemittel

Knoblauchextrakt

ZUBEREITUNG

10 bis 15 Stück große Zehen in der Knoblauchpresse zerdrücken und danach in ein 1-Liter-Gefäß geben, welches mit Wasser gefüllt wird und verschließbar ist, ca. zwölf Stunden ziehen lassen. Danach filtern und einsetzen.

ANWENDUNG

→ Bei feuchter Witterung besteht hoher Infektionsdruck, daher ein- bis zweimal wöchentlich vorbeugend gegen Pilzkrankheiten, z.B. Grauschimmel an Erdbeeren, Krautfäule an Tomaten, anwenden.

Knoblauchjauche

ZUBEREITUNG

500 g frische, fein zerhackte Knoblauchzehen in 10 Liter Wasser ein bis drei Wochen (bis sich Jauche geklärt hat) stehen lassen, seihen und 1 : 10 verdünnt auf den Boden spritzen.

ANWENDUNG

→ Wirkt gegen Vermehrung von schädlichen Pilzen, z.B. Grauschimmel, Mehltau, Kartoffelbraunfäule; unverdünnt gegen Möhrenfliegen einsetzen. Jauche beugt Viren und Bakterien vor, vertreibt Milben und hilft gegen Pilzkrankheiten.

Knoblauch- und Zwiebeljauche

ZUBEREITUNG

Man benötigt ca. 500 bis 700 g Knoblauch und Zwiebeln auf 10 Liter Wasser. Oftmaliges Umrühren unterstützt die Umsetzung. Die fertige Kombi-Jauche wird 1:10 verdünnt.

ANWENDUNGSMÖGLICHKEITEN

→ Führt zu einer Erhöhung der Abwehrkräfte gegen Pilzerkrankungen im Kartoffelbau, hat aber auch positive Wirkung auf Erdbeeren und Johannisbeeren.

KNOBLAUCH

Pflanzenstärkungs- und -pflegemittel

→ Gute Wirkung gegen Pilzkrankheiten bei Erdbeeren und Kartoffeln. Bei Auftreten der Möhrenfliege in der Flugzeit (Ende April bis Juni bzw. ab August) unverdünnt über die Möhrenbeete spritzen.

Knoblauchtee

ZUBEREITUNG A

Zirka 250 bis 300 g Knoblauchzehen mit Messer klein hacken und mit 5 Liter heißem, nicht kochendem Wasser überbrühen; danach ca. 24 Stunden ziehen lassen, fertiger Tee wird 1:3 verdünnt. Durch die Zugabe von 1 Teelöffel feinstem Paraffinöl als Netzmittel kann die Wirksamkeit erhöht werden.

ANWENDUNGSMÖGLICHKEITEN A

→ Gegen Echten Mehltau, Blattläuse, Erdbeermilben und andere Milben, Pilzkrankheiten (Grauschimmel, Kräuselkrankheit). Der verdünnte Tee (1:5) wird idealerweise in der ersten Maihälfte auf die Pflanze aufgebracht (eventuell zwei- bis dreimal in kurzen Abständen hintereinander). Ist Tomaten- oder Kartoffelfäule bereits vorhanden, sollte man den Bestand zweimal wöchentlich mit unverdünntem Tee behandeln.

→ Bei Thripsbefall (Thripse schädigen durch Aussaugen der Pflanzenzellen), besonders gefährdet sind Erbsen, Zwiebeln, Porree, aber auch Bohnen. Pflanzen mehrmals ordentlich spritzen.

→ Gallmilben an Johannisbeeren. Gallmilben überwintern in den deutlich angeschwollenen Knospen (Milbengalle), die im Frühjahr kaum mehr austreiben. Nach Knospenöffnung verlassen die Milben das Winterquartier und verteilen sich auf dem Strauch, wo sie Blüten und Blätter durch Saugtätigkeit schädigen. Ab Mai dringen die Milben in die neu gebildeten Knospen und vermehren sich sehr rasch. Ab Mitte März bis Juni wöchentlich mit Knoblauchtee (1:7 verdünnt) besprühen.

→ Junge Erdbeerpflanzen ein bis zwei Stunden vor dem Setzen in Knoblauchtee (1:7 verdünnt) tauchen, gegen Wurzelpilze.

Pflanzenstärkungs- und -pflegemittel

→ Fertigen Tee 1:1 verdünnen, zum Zeitpunkt der Blüte mindestens zweimal in die Baumkrone moniliagefährdeter Obstbäume sprühen. Besondere Gefahr besteht, wenn es in der Blütezeit häufig regnet.

→ Einsetzbar zur Bekämpfung des Himbeerkäfers (fliegt von Mai bis Juni) und von Milben. Knoblauchtee 1:7 verdünnen und die Pflanzen drei Tage hintereinander gießen. Dieser Tee kann auch auf Rhododendron gegen Mehltaubefall gespritzt werden. Echter Mehltau bevorzugt Trockenheit und Wärme.

ZUBEREITUNG B
70 bis 100 g Knoblauchzehen zerkleinern, überbrühen mit 1 Liter kochendem Wasser, 1:7 verdünnen und einsetzen.

ANWENDUNG B
→ Gegen Erdbeermilben, zwei- bis dreimal Anfang Mai (in dreitägigen Abständen) und nach der Ernte unverdünnt auf Pflanzen und Boden einsetzen.

ZUBEREITUNG C
10 g fein gehackte Knoblauchzehen mit 1 Liter heißem, nicht mehr kochendem Wasser überbrühen, 24 Stunden ziehen lassen, abseihen, in dunkle Flaschen füllen, kühl lagern; bis zu drei Wochen haltbar.

ANWENDUNG C
→ Einsatz gegen Bakterienkrankheiten und als Insektenbekämpfungsmittel; durch Zusatz von 1 Teelöffel feinstem Paraffinöl als Netzmittel kann die Wirkung verbessert werden.

KOHL
Pflanzenstärkungs- und -pflegemittel

Kohl *Brassica oleracea*

Kohl gehört zur Familie der Kreuzblütler. Kohlgerichte wurden schon von den alten Römern geschätzt. In der Antike und im Mittelalter wurde dieses Gemüse nicht nur als gesunde Kost, sondern geradezu als Medizin angesehen. Kohl enthält sehr viele Spurenelemente, auch der Gehalt an Mineralstoffen ist sehr hoch. Heute wird Kohl teilweise auch als biologisches Pflanzenschutzmittel verwendet; dafür eignen sich die großen Außenblätter am besten.

Kohljauche

ZUBEREITUNG
Zubereitung wie andere Kräuterjauchen (man kann Blätter verschiedener Kohlarten mischen), zwei bis drei Wochen gären lassen, vor der Ausbringung 1 : 5 verdünnen.

ANWENDUNG
→ Gegen Kohlhernie; wegen des hohen Eiweiß- und Vitamingehaltes ist eine starke pflanzenstärkende Wirkung gegeben. Zusätzlich ist eine Regulierung von Erdflöhen bei Kreuzblütlern wie Chinakohl, Radieschen etc. möglich.

Kohltee

ZUBEREITUNG

Äußere Kohlblätter, besonders geeignet sind Wirsing und Grünkohl, zerkleinern und mit siedendem Wasser übergießen, es müssen alle Blätter bedeckt sein. Einige Stunden ruhen lassen, danach 1 : 10 verdünnen.

ANWENDUNG

→ Sollte dort im Garten eingesetzt werden, wo man bereits mehrmals Kohlhernie festgestellt hat. Der Bodenpilz dringt in die Wurzeln ein und verursacht Wurzelverdickungen, dadurch wird der Saftstrom stark gehemmt – Fruchtfolge beachten. Die behandelten Flächen dürfen jedoch nicht mit Kreuzblütlern bepflanzt sein. Durch die Teeanwendung werden die Kohlherniepilzsporen im Boden aktiviert, haben jedoch zuwenig Nahrung zum Überleben und sterben dadurch ab.

Kren (Meerrettich) *Amoracia rusticana*

Der Kren mit seinen großen Blättern braucht viel Platz, tiefgründigen Boden und gleichmäßige Feuchtigkeit. Vermehrt wird er am besten durch Wurzelsetzlinge (Fechser). Die Wurzel der Krenpflanze wird als Gemüse bzw. Gewürz verwendet. Kren wird auch erfolgreich in der Hausmedizin verwendet. Der Meerrettich ist ein ausdauerndes Wildkraut und weit verbreitet. Er wird schon in den alten Gartenbüchern sehr positiv als biologisches Pflanzenschutzmittel beschrieben. Um die Kräuselkrankheit bei Pfirsichen zu verhindern, ist es zweckmäßig, Krenpflanzen auf die Baumscheibe zu pflanzen.

Krenbrühe

ZUBEREITUNG

Man schneidet 150 g Blätter und Wurzeln klein und lässt sie 20 Minuten lang in 5 Liter Wasser kochen. Die Brühe kann man unverdünnt oder 1 : 1 verdünnt verwenden.

ANWENDUNG

→ Auf Kernobstbäumen, die schon an Monilia (Fruchtfäule) erkrankt waren, im nächsten Frühjahr zu Beginn und während der Blüte spritzen. Bei Steinobst die Krenbrühe unverdünnt während der Blütezeit in die Baumkrone sprühen. Wegen der großen Ansteckungsgefahr soll man von Monilia befallene Früchte einsammeln und vernichten. Nicht zum Kompost geben!

Krentee

ZUBEREITUNG

250 bis 300 g frische Blätter und Wurzeln klein hacken und mit 1 Liter heißem, aber nicht mehr kochendem Wasser übergießen, 24 Stunden ziehen lassen, danach abseihen und 1:5 verdünnt in die Baumkronen spritzen.

ANWENDUNGSMÖGLICHKEITEN

→ Gegen Monilia (Fruchtfäule) in die Blüte spritzen, hindert Moniliasporen am Keimen, die Verdünnung beträgt 1 : 1. Befallene Zweige und Fruchtmumien sofort entfernen.

→ 100 g Wurzeln klein hacken und 24 Stunden in 1 Liter lauwarmes Wasser, welches zuvor abgekocht wurde, einlegen. Diese Beize eignet sich für Gemüsesetzlinge, die bevorzugt von Pilzkrankheiten befallen werden, bzw. auch für Saatgut (30 bis 60 Minuten im Wasser ziehen lassen).

Lavendel *Lavendula angustifolia*

Lavendel ist eine alte Heilpflanze und kam schon im 11. Jahrhundert über die Alpen zu uns. Die Pflanze enthält ätherische Öle und entwickelt einen starken Duft. Der Duft von Lavendel beruhigt, reinigt und wirkt auf vielfältige Weise heilsam auf den Menschen. Lavendelduft wirkt gegen Depressionen und fördert guten Schlaf. Lavendel wirkt als Repellent (abweisend) auf Insekten. Gesammelt werden von Juli bis August Blätter, Blüten, aber auch die ganze Pflanze.

Lavendelextrakt

ZUBEREITUNG

Da Schnecken Lavendelduft meiden, kann folgende Rezeptur besonders empfohlen werden: 10 g Lavendelöl, ¼ Liter Obstessig und 2 Liter Wasser. Diese Mixtur soll abends über die Pflanzen fein versprüht aufgebracht werden. Man kann natürlich auch einen Schutzstreifen (1 bis 2 m breit) um den Gemüsegarten mit dieser Mischung anlegen. Es ist durchaus ratsam, selbst mit Lavendelblüten diese Mischung zusammenzustellen.

ANWENDUNG

→ Sehr gute Wirkung gegen Nacktschnecken; mehrmaliges Ausbringen während der Vegetationszeit erforderlich. Die Schnecken werden durch die Düfte verwirrt, sodass das Gemüse geschützt bleibt.

Pflanzenstärkungs- und -pflegemittel

Lavendel-Kaltwasserauszug

ZUBEREITUNG
Für 5 Liter Wasser benötigt man ca. 500 g frisches Lavendelkraut. Dieses soll vorher in kleine Stücke geschnitten werden. Nach zwölf bis 24 Stunden Auszugszeit seihen, unverdünnt oder 1 : 1 verdünnt mit Sprühgerät ausbringen.

ANWENDUNG
→ Wirkt als Repellent (abweisend) gegen Insekten, aber auch auf Schnecken. Es ist daher vorteilhaft, um die gefährdete Gartenfläche mehrmals in den Sommermonaten einen Schutzstreifen anzulegen. Der Geruchsinn der Schnecken wird durch Lavendel verwirrt. Nach einigen Wochen oder nach Regen sollte der Schutzstreifen erneuert werden.

Löwenzahn *Taraxacum officinale*

Löwenzahn wird häufig als sogenannter Wildsalat verwendet. Man kann diese Pflanze jedoch auch im Garten kultivieren. Nur wenige wissen, dass er eine vorzügliche Heil- und Küchenpflanze ist. Eine Löwenzahnkur im Frühling bringt den ganzen Organismus in Schwung. Die biologisch-dynamisch arbeitenden Bauern und Gärtner verwenden Spezialpräparate davon. Die frischen Pflanzen sind sehr reich an Mineralsubstanzen; besonders hoch ist der Kalium- und Kalziumgehalt, aber auch der Kieselsäureanteil ist beträchtlich.

LÖWENZAHN
Pflanzenstärkungs- und -pflegemittel

Löwenzahnjauche

ZUBEREITUNG

1,5 bis 2 kg frische Löwenzahnpflanzen in 10 Liter Wasser ansetzen, nach ca. 14 Tagen gebrauchsfertig; unverdünnt oder 1:5 verdünnt im Frühjahr oder Herbst über Boden und Pflanzen gießen.

ANWENDUNGSMÖGLICHKEITEN

→ Sehr gut geeignet für die nährstoffhungrigen Tomaten, aber auch für Kopf- und Blumenkohl.

→ Wachstumsregulierend; Qualitätsverbesserung der Früchte. Man kann unbelaubte Obstbäume und Beerensträucher ebenfalls behandeln. Löwenzahnjauche sorgt für gesunde Früchte. Stärkt auch das Gewebe der Pflanzen.

→ Unverdünnte Löwenzahnjauche gilt auch als hervorragender Kompostzuschlagstoff.

Löwenzahntee

ZUBEREITUNG

15 bis 20 g getrocknetes Kraut plus Wurzeln mit 1 Liter kochendem Wasser überbrühen, ziehen lassen und unverdünnt verwenden. Die Mischung wird ebenfalls im Frühjahr und im Herbst über die Pflanzen gespritzt.

ANWENDUNG

→ Wirkung wie Jauche, wird sehr gerne bereits im Frühjahr bei Obstbäumen, Erdbeeren und Fruchtgemüse zur Verbesserung der Früchte eingesetzt.

Pflanzenstärkungs- und -pflegemittel

Möhren (Karotten) *Daucus carota*

Die Möhre ist eine der wichtigsten Gemüsearten. Bereits in Schweizer Pfahlbauten fand man Möhrensamen. Im alten Griechenland und in Rom wurde sie bis ins Mittelalter als Heilpflanze genutzt. Kulturpflanze wurde sie in Europa erst ab dem 14. Jahrhundert. Sie besteht aus einer dicken, fleischigen Pfahlwurzel samt Stängel und Blättern. Möhren enthalten neben einer großen Menge Vitamin A auch ätherische Öle.

Möhrenkrauttee

ZUBEREITUNG
Zirka 200 bis 250 g frisches Möhrenkraut mit 5 Liter heißem Wasser überbrühen. Um einen größeren Verlust von ätherischen Ölen zu verhindern, sollte man das Gefäß immer zudecken. Nachdem der Tee abgekühlt ist, wird dieser unverdünnt ausgebracht.

ANWENDUNG
→ Dankbar für Möhrentee sind besonders Zwiebeln und Lauchpflanzen. Der stark aromatische Geruch irritiert Schädlinge, die es auf die genannten Pflanzen »abgesehen« haben, z.B. Zwiebelfliegen sowie auch Lauchmotten. Um die Wirkung zu erhalten, sollte der Tee auf die Pflanzen und den Boden gelangen.

Moos *Bazzania trilobata*

Moose gehören zu den ältesten Landpflanzen. Sie besitzen biologisch aktive Substanzen, mit denen sie sich gegen Pilze und Bakterien, aber auch gegen Fraßfeinde wehren können. Der fungizide und bakterizide Effekt dieser Pflanzen ist schon lange bei den Naturvölkern bekannt gewesen. Die Indianer Nordamerikas benutzten Moose u. a. zur Schmerzlinderung und Wundversorgung.

Weltweit erstmalig wurden am Institut für Pflanzenkrankheiten der Universität Bonn Spritzversuche an verschiedenen Pflanzen durchgeführt. Als besonders wirksam haben sich dabei Lebermoosextrakte erwiesen. Alle Moosen haben eine pilzhemmende Wirkung, diese ist jedoch unterschiedlich ausgeprägt. Lebermoosarten sind besonders aktiv, speziell Bazzania trilobata. Aber auch die Verwendung von Torf- und Laubmoosen ist möglich.

Moosextrakt

ZUBEREITUNG
Alkoholische Extrakte wirken meist schon in einer Konzentration von 0,5 %. Im Fachhandel ist Lebermoosextrakt als alkoholischer Auszug aus Bazzania trilobata erhältlich. Stellt man selbst Moosextrakt her, so ist nach Prof. Frahm (Uni Bonn) eine 5 %ige Lösung notwendig (50 g trockenes Moos auf 1 Liter Wasser, 1 Tag abgedeckt stehen lassen, dann filtern, ordentlich auspressen, evtl. Kartoffelpresse verwenden, unverdünnt ausbringen). Auch Rasenmoos

Pflanzenstärkungs- und -pflegemittel

ist geeignet, der Ansatz sollte jedoch zwei bis drei Tage stehen bleiben. Kranke Pflanzen sollten alle drei Tage besprüht werden. Es ist daher von Vorteil, Moosextrakte immer vorbeugend anzuwenden. Als Vorbeugung reicht eine Behandlung alle zwei bis drei Wochen. Es ist auch möglich, das alkoholische Moosextrakt selbst herzustellen. Oxylipin heißt der Duftstoff, der in Moosen enthalten ist und auf Schnecken abstoßend wirkt.

Es wird wie folgt vorgegangen:
4 g getrocknetes Moospulver + 70 ml kosmetisches Basiswasser (90 % Alkohol) + 25 ml Wasser. Gut verrühren und drei Tage abgedeckt stehen lassen. Pro Liter Sprüh- oder Gießwasser werden jeweils 5 ml Moosextrakt zugesetzt, das ist alles. Das Extrakt ist ca. ein Jahr haltbar, eine angenehme Vorratshaltung ist deshalb gegeben.

ANWENDUNGSMÖGLICHKEITEN

→ Hat stark fraßhemmende Wirkung bei tierischen Schädlingen (Extrakt 1:50 verdünnen). Als Mittel zur Schneckenabwehr leider nicht sehr erfolgreich.

→ Wirkt z.B. gegen Kraut- und Knollenfäule der Kartoffeln, Kraut- und Braunfäule an Tomaten und gegen verschiedene Mehltaupilze.

→ Wässriger Moosextrakt kann Azaleen positiv beeinflussen. Viele Azaleen verkümmern oft sehr rasch, die Ursache liegt meist im Gießwasser. Leitungswasser ist in den häufigsten Fällen zu hart, es enthält meist zu viel Kalk. Durch den Einsatz von wässrigem Moosextrakt gedeihen die Azaleen lange hervorragend. Gleiches gilt für Erika, Hortensien und Begonien. Diese Pflanzen lieben sehr weiches, leicht saures Wasser. Auch Regenwasser ist für diese Pflanzen besonders vorteilhaft.

Niembaum *Azadirachta indica*

Der wärmeliebende Niembaum stammt ursprünglich aus Myanmar (Burma) und Indien. Dort werden die Blätter, Blüten, Samen und die Rinde des Niembaumes seit Jahrhunderten zur Abwehr von Schädlingen eingesetzt. Auch von den großen Heuschreckenplagen wurden die Niembäume verschont. Niembaumextrakt wird in der indischen Medizin gegen die verschiedensten Krankheiten eingesetzt.

NiemAzal-T/S

NiemAzal-T/S enthält 1% Azadirachtin-A, 51% pflanzliches Öl (Sesamöl) und 45 % Tenside (Spülmittel). Es handelt sich um ein standardisiertes Präparat. Der Wirkstoff Azadirachtin behindert die Entwicklung und Fortpflanzung der Schadinsekten. Sie hören auf zu fressen und können sich nach einigen Tagen nicht mehr weiterentwickeln und vermehren. Da der Wirkstoff vom Schädling mit dem Pflanzensaft aufgenommen werden muss, ist NiemAzal nützlingsschonend, weil sich die räuberischen Nützlinge nicht vom Pflanzensaft ernähren. Zwischen den einzelnen Anwendungen soll ein Abstand von acht bis 14 Tagen eingehalten werden. Niempräparate haben eine gute Pflanzenverträglichkeit und sind für Warmblütler ungiftig.

ZUBEREITUNG

NiemAzal ist im Handel als Fertigprodukt erhältlich. Es ist daher wichtig, vor der Verwendung bezüglich Zulassung und Aufwandsmenge die Gebrauchsanleitung genauestens zu beachten. NiemAzal ist in Österreich derzeit im Gemüse-, Kernobst-, Beerenobst-, Steinobst-, Wein- und Zierpflanzenbau zugelassen.

Pflanzenstärkungs- und -pflegemittel

NIEMBAUM

ANWENDUNG
→ Einsetzbar z.B. gegen Kartoffelkäfer (Larvenstadium), Apfelblattlaus, Frostspanner, Holunderblattlaus, Spinnmilben, Minierfliegen und Weiße Fliege (Mottenschildlaus). Minierfliegen treten im Mai und Juni auf. Die Weibchen legen Eier ins Blattgewebe, die daraus schlüpfenden Larven fressen in den Blättern, dies führt zu den typischen schlangenförmigen Miniergängen. Schäden im Biogarten eher selten. Die ganze Pflanze muss immer gut benetzt werden. Keine Erfolge wurden bisher z.B. bei der Regulierung von Wanzen und der Kleinen Pflaumenlaus erzielt.

Niemextrakt

NiemAzal ist ein Industrieprodukt. Es enthält nur einen einzigen Wirkstoff aus dem Niembaum: das Azadirachtin. Das ist zwar einer der Hauptwirkstoffe, der aber in der Natur noch durch insgesamt ca. 40 weitere Inhaltsstoffe unterstützt wird. Die Aufwandsmenge beträgt 0,2 bis 0,3 %. Deshalb ist es empfehlenswert, durch den Kauf von Niemsamen den Niemextrakt selbst herzustellen.

ZUBEREITUNG
Auf 1 Liter Wasser kommen 50 g gemahlene Niemsamen, Wasser jedoch nicht erhitzen, es soll nur lauwarm sein. Diese werden eingerührt und müssen nun unter gelegentlichem Umrühren abgedeckt drei Stunden stehen bleiben. Nach dieser Zeit sind die Schutzstoffe in das Wasser übergegangen. Danach werden die festen Bestandteile durch ein Tuch filtriert. Dieser fertige Niemextrakt kann nun sehr erfolgreich eingesetzt werden. Die Lösung gießen oder in eine Sprühflasche füllen und damit z.B. von Läusen befallene Pflanzenteile behandeln.

Niemsamen

ANWENDUNG
→ Gemahlenen Niemsamen oder Niempresskuchen kann man auch um schneckengefährdete Beete aufbringen. Es genügt bereits eine ganz dünne Schicht. Pro 1 m² streut man ca. 50 g Niempresskuchen direkt auf die Beete. Nach Regengüssen sollte der Vorgang wiederholt werden. Die Schnecken meiden so geschützte Pflanzen.

Pflanzenstärkungs- und -pflegemittel

Pechnelke *Lychnis viscaria*

Die Pechnelke stammt aus dem Mittelmeerraum und liebt kalk- und stickstoffarme Böden. Bereits vor 200 Jahren wussten Mönche, die in der Mittelmeerregion Ackerbau betrieben, um die Wirkung des Extraktes Bescheid. Erst vor Jahren haben Wissenschafter vom *Institut für landwirtschaftliche Botanik* an der *Universität Bonn* entsprechende Untersuchungen der Wirkstoffe vorgenommen und kamen dabei zu äußerst positiven Ergebnissen. Neue Studien belegen 20–40 % höhere Erträge, wenn Saatgut, z.B. Weizen, Roggen, zuvor mit einer Lösung behandelt wird. Die Forscher vermuten, dass der gesuchte Wirkstoff ein Wachstumshormon ist.

Pechnelkenextrakt

ZUBEREITUNG
Pechnelkenextrakt kann man angeblich aus technischen Gründen nicht selbst herstellen. Da nur eine winzige Menge Pechnelkenwirkstoff benötigt wird (auf 1 Liter Wasser nur 0,5 mg), wurde ein Trägerstoff zugemischt. Im Handel ist Pechnelkenextrakt HT erhältlich. Auf 1 Liter Wasser wird 1 gestrichener Messlöffel Pulver verwendet, bei Gemüse die doppelte Menge. Eine Überdosierung ist unbedingt zu vermeiden!

ANWENDUNG
→ Stellt ein hervorragendes Pflanzenstärkungsmittel dar. Fördert die Vitalität, die Robustheit und den Ernteertrag. Es ist auch möglich, frische Samen 24 Stunden im Gießwasser quellen zu lassen. Ein Einsatz im Obstbau, besonders gegen Monilia, ist vorteilhaft.

Pfefferminze Mentha piperita

Pfefferminze ist mehrjährig und wächst auf allen Böden mit Ausnahme von sehr schweren, staunassen Standorten. Im Hausgarten sollte man Pfefferminze auf einem eigenen Beet anbauen, um das starke Wurzelwachstum der Wurzelausläufer zu begrenzen. Pfefferminze enthält vor allem in den Blättern das ätherische Öl Menthol. Sie ist neben der Kamille die meist gebrauchte Heilpflanze.

Es können verschiedene Auszüge angefertigt werden, diese haben eine stark keimhemmende Wirkung auf Pilzsporen.

ANWENDUNGSMÖGLICHKEITEN

→ Pfefferminze, um die Baumscheiben gepflanzt, bringt angeblich müde Pfirsichbäume wieder in eine stark steigende Ertragsphase und verbessert auch das Aroma der Früchte.

→ Mit Pfefferminztee kann man Ameisen und Erdflöhe an Zimmerpflanzen behandeln.

Pflanzenstärkungs- und -pflegemittel

Rainfarn *Tanacetum vulgare*

Rainfarn ist eigentlich kein »Farn«, sondern eine Blütenpflanze. Seine Wirkstoffe sind z.b. Bitterstoffe, Gerbstoffe und ätherisches Öl. Rainfarn wird im Volksmund auch Wurmkraut und Regenfarn genannt. Im eigenen Gemüsegarten sollte er etwas abseits stehen, da er wachstumshemmend auf andere Pflanzen wirkt. Beim Rainfarn wird die blühende Pflanze verwendet. Der Rainfarn gehört zu den ausdauernden Stauden und erreicht je nach Standort eine Wuchshöhe von 60 bis 130 cm. Erntezeit ist Juli bis September. Rainfarn kann giftig wirken und darf daher nicht in Ställe gebracht oder als Tee getrunken werden (verursacht Schwindel, Atemnot etc.). Rainfarn wurde früher beispielsweise als Wurmmittel und gegen Krampfadern verwendet.

Rainfarnauszug

ZUBEREITUNG
1 kg frische Blätter oder 100 g getrocknete, pulverisierte Blätter auf 10 Liter Wasser – 24 Stunden ziehen lassen.

ANWENDUNGSMÖGLICHKEITEN
-> Auszug an frostfreien Tagen im Winter auf Stamm und Äste spritzen, gegen Blut- und Schildläuse.

-> Eine Mischung aus Rainfarn und Schachtelhalm hat sich vor allem gegen Blattläuse gut bewährt. Den Auszug unverdünnt im Frühjahr und Herbst gegen Brombeer- und Erdbeermilben einsetzen. Auch ein Einsatz gegen Blattwespen, Rostkrankheiten und Mehltau ist vorteilhaft.

RAINFARN
Pflanzenstärkungs- und -pflegemittel

Rainfarnbrühe

ZUBEREITUNG A
1,5 kg frische, blühende Pflanzen in 10 Liter Wasser als Brühe ansetzen und die Pflanzen damit behandeln.

ANWENDUNGSMÖGLICHKEITEN A
→ Gegen tierische Schädlinge (Läuse, Lauchmotten, Erdbeerblütenstecher, Himbeerkäfer [er fliegt von Mai bis Juni], Brombeermilbe, Blattwespen [die Larven ernähren sich von Blattgewebe], Kohlerdflöhe, Weiße Fliege, Frostspanner, Apfelwickler [Hauptflugzeit meist im Juni], Schnecken, Rost- und Mehltau). Zur Nachblütenspritzung oder Herbstausbringung Brühe 1:2 verdünnen.

→ Soll die Himbeergallmücke (legt im Frühjahr ihre Eier an jungen Trieben ab) in ihrer Entwicklung gestört werden, so empfiehlt sich eine Bodenspritzung mit starker Rainfarnbrühe.

→ Kartoffelpflanzen vorbeugend alle 14 Tage mit Rainfarnbrühe behandeln, hält Kartoffelkäfer fern.

→ Eine Erdflohregulierung ist erfolgreich, wenn man unverdünnte Rainfarnbrühe zweimal pro Woche über die gefährdeten Pflanzen spritzt.

ZUBEREITUNG B
300 g frische(s) Blüten/Kraut in 10 Liter heißem Wasser einweichen, etwa 24 Stunden stehen lassen und unverdünnt ausbringen.

ANWENDUNG B
→ Gegen Bohnenfliege (vor der Aussaat damit das neue Beet bzw. die Reihe überbrausen), Wirkung vorbeugend auch gegen das Lilienhähnchen und Zwiebelhähnchen. Die beiden Käfer sind sehr ähnlich. Das Lilienhähnchen hat dunkle Beine und einen schwarzen Kopf, während das Zwiebelhähnchen rötliche Beine und einen roten Kopf besitzt. Die Käferchen erscheinen etwa Ende März bis Anfang April und schädigen durch Lochfraß. Die Larven erscheinen ab Mai.

Pflanzenstärkungs- und -pflegemittel

Rainfarnjauche

ZUBEREITUNG
3 kg frische, blühende Pflanzen oder 300 g getrocknetes Kraut in 10 Liter Wasser verjauchen. Die Jauche wird unverdünnt eingesetzt.

ANWENDUNGSMÖGLICHKEITEN
→ Gegen Rost- und Mehltaupilze, gegen Ungeziefer aller Art, nicht regelmäßig anwenden, da sonst das Bodenleben gestört werden könnte.

→ 1 : 7 verdünnt ist sie gegen Milben, Erdflöhe, Lauchmotten (gefährlich wird die zweite Generation, diese fliegt von Juli bis August, Raupen fressen bis in den Oktober) und Lilienhähnchen (verursachen Lochfraß) anwendbar.

Rainfarntee

ZUBEREITUNG
Ein bis zwei Handvoll frischer, blühender Pflanzen oder 30 g getrocknetes Rainfarnkraut mit 1 Liter kochendem Wasser überbrühen, kalt stellen, unverdünnt sprühen.

ANWENDUNGSMÖGLICHKEITEN
→ Wirkung ähnlich der Brühe. Gegen Rost- und Mehltaupilze, Milben, Frostspanner (fliegt von Oktober bis Dezember), Läuse, Apfelwickler (Flugzeit Ende Mai bis Anfang August) und Weiße Fliege. Spritzungen müssen mehrmals vorgenommen werden.

→ Rainfarntee ist auch einsetzbar gegen den Dickmaulrüssler. Die Anwendung erfolgt während des Reifungsfraßes der Käfer (Mai bis Juni). Eine mehrmalige Behandlung der Blätter ist erforderlich.

→ Gegen Schwarze und Gelbe Pflaumensägewespe (Flugzeit von April bis Mai) nach Blütenabfall zwei- bis dreimal mit Rainfarntee behandeln.

RHABARBER
Pflanzenstärkungs- und -pflegemittel

Rhabarber *Rheum rhabarbarum*

Die Heimat des Rhabarbers ist Ostasien. Der Rhabarber ist eine ausdauernde Staude und besitzt tief reichende Wurzeln. Er liebt halbschattige, feuchte, nährstoffreiche Standorte und kann bis zu 30 Jahre alt werden. Als Arzneipflanze kam die Kultur im Mittelalter nach Europa. Rhabarber braucht mit seinen ausladenden Stängeln viel Platz. In der Heilkunde wird nur die Rhabarberwurzel verwendet, im Pflanzenschutz dagegen Blätter und Stiele. Die Stiele enthalten weniger Oxalsäure als die giftigen Blätter. Der feinsäuerliche Geschmack des Rhabarbers entsteht durch den hohen Gehalt an Fruchtsäuren. Für die Kompottherstellung dürfen die Blätter nicht verwendet werden. Rhabarber ist fast in jedem Hausgarten vorhanden und kann als biologisches Pflanzenpflegemittel wertvolle Dienste leisten. Vermutlich ist die Wirkung auf den hohen Oxalsäuregehalt zurückzuführen. Dieser ist am höchsten, wenn die Stiele ihre intensiv rote oder rotgelbe Färbung haben.

Am *Institut für biologischen Pflanzenschutz* in Darmstadt haben Wissenschafter Extrakte sehr erfolgreich zur Verbesserung der pflanzlichen Abwehrkräfte eingesetzt.

Rhabarberblätterbrühe

ZUBEREITUNG A
Zirka 500 g frische Blätter 30 Minuten kochen, danach abkühlen;
Brühe unverdünnt mehrmals hintereinander spritzen.

Pflanzenstärkungs- und -pflegemittel

ANWENDUNG A
→ Gegen Schwarze Bohnenläuse und Raupen (bei starkem Befall unverdünnt dreimal hintereinander) an Bohnen und Holunder, gegen Lauchmotte, gegen Bohnenspinnmilben (ausnahmsweise bei praller Sonne behandeln!).

ZUBEREITUNG B
1 kg Rhabarber (Blätter/Stängel) zerkleinern, in ein Gefäß geben, mit Wasser aufgießen bis Pflanzenmaterial bedeckt ist, über Nacht stehen lassen, am nächsten Tag eine halbe Stunde aufkochen und danach seihen.

ANWENDUNG B
→ Einsetzbar bei mit Blattläusen befallenen Pflanzen (z.B. Bohnen).

Rhabarberblätterjauche

ZUBEREITUNG A
1 kg Rhabarberblätter mit 10 Liter Wasser ansetzen, ca. eine Woche ziehen lassen, die Jauche unverdünnt auf die Gemüsefläche aufbringen bzw. zwischen Reihen gießen (schleimiger Belag wird von Schnecken gemieden).

ANWENDUNG A
→ Gegen Läuse, Raupen, Schnecken unverdünnt ausbringen.

ZUBEREITUNG B
1 kg frisches Blattmaterial oder 100 g getrocknetes Kraut in 10 Liter Wasser ca. acht bis 12 Tage gären lassen, 1 : 5 verdünnen, mindestens dreimal hintereinander anwenden.

ANWENDUNG B
→ Eignet sich besonders für stark von Blattläusen befallene Pflanzen. Pflanzen vollständig besprühen, hilft auch gegen Raupen.

Pflanzenstärkungs- und -pflegemittel

Rhabarberblättertee

ZUBEREITUNG A

½ kg frisch zerkleinerte Rhabarberblätter mit 3 Liter kochendem Wasser überbrühen, mehrere Stunden stehen lassen, danach einsetzen.

ANWENDUNG A

→ Gegen Lauchmotte, ab Mitte Juni im Abstand von drei Wochen gießen; stärkt Rosen, Stachelbeeren, Weinreben, Rittersporn; gegen das Wachstum von Echten und Falschen Mehltaupilzen einmal wöchentlich spritzen. Vorbeugend gegen Krautfäule an Tomaten. Bei Falschem Mehltau an Gurken immer auch die Blattunterseite vollständig benetzen. Schützt auch gegen Wildverbiss.

ZUBEREITUNG B

5 %iger Auszug: 50 g getrocknete Blätter mit 1 Liter heißem Wasser übergießen. Tee über Nacht stehen lassen und am nächsten Morgen seihen, unverdünnt unter Zugabe von ein wenig Spülmittel (ca. ½ Kaffeelöffel) einsetzen.

ANWENDUNG B

→ Die Kartoffeln tropfnass spritzen, Kartoffeln nach Auflaufen wöchentlich damit besprühen, wirkt sehr gut gegen die Kraut- und Braunfäule. Der Tee verhindert die Pilzinfektion zwar nicht, mildert sie aber so stark ab, dass der Ernteausfall nicht höher ist als bei Pflanzen, die mit Kupferpräparaten behandelt wurden.

ZUBEREITUNG C

Rhabarberblätter grob zerkleinern, in einen Topf geben, dann mit Regenwasser übergießen, auffüllen und über Nacht stehen lassen. In der Früh ca. eine halbe Stunde kochen, der unverdünnte Tee kann nach Abkühlung verwendet werden.

ANWENDUNG C

→ Kann sehr erfolgreich gegen verlauste Pflanzen eingesetzt werden, wirkt auch bei Befall von Wurzelläusen und schützt zudem gegen Wildverbiss. Die Wurzellaus überwintert an Schwarzpappeln und wechselt ab Juni auf Sommerwirtspflanzen, besonders Salate. Hauptbefall zwischen Juni und August bei trockener Witterung. Pflanzen müssen ordentlich mit Tee eingegossen werden.

Pflanzenstärkungs- und -pflegemittel

ZUBEREITUNG D
½ kg frische Rhabarberblätter in 3 Liter Wasser eine halbe Stunde kochen, kühlen, seihen und unverdünnt verwenden.

ANWENDUNG D
→ Gegen die Johannisbeerblasenlaus (rötliche Aufwallungen an den Blättern, unter denen die Läuse saugen). Wirkung auch gegen die Lauchmotte, gegen Blattläuse auf Bohnen, Holunder und Kirschen. Bei starkem Befall soll die Behandlung an drei Tagen hintereinander erfolgen.

Ringelblume *Calendula officinalis*

Die Ringelblume ist ein einjähriges, bis 50 cm hohes Kraut mit spindelförmiger Wurzel und aufrechtem, im oberen Teil verästeltem Stängel. Sie ist eine uralte Gartenpflanze und kann als Zier- und Heilpflanze betrachtet werden. In der Volksmedizin hat sie ihre eigentliche Heimat. Sie wird gerne und viel verwendet. Besonders die Ringelblumensalbe wird häufig zur Wundheilung eingesetzt. Auch als Blutreinigungstee wird die Ringelblume sehr geschätzt.

Die goldgelben und orangeroten Blüten gleichen kleinen Sonnen. Die altbekannte, in jedem Bauerngarten vorkommende Pflanze ist anspruchslos und gedeiht überall. Die Blätter sind reich an ätherischen Ölen sowie Farbstoffen. Erntezeit für Blätter und Blüten ist während der ganzen Sommerzeit.

Ringelblumenjauche

ZUBEREITUNG
1 kg Ringelblumenblätter und -stängel in 10 Liter Wasser ansetzen. Neben Gemüse und Kräutern wie Petersilie sind auch Pflanzenstauden für eine Ringelblumenkur dankbar.

ANWENDUNG
→ Pflanzenstärkend, gesundheitsfördernd, auch düngende Wirkung für alle Kulturpflanzen. Am besten nach Regen in einer Verdünnung von ca. 1 : 10 gießen. Besonders bewährt bei Tomaten und Kohlgewächsen.

Rote Rübe (Rote Bete) *Beta vulgaris L. var. conditiva*

Die Rote Rübe ist die fleischige Wurzelknolle einer Pflanze, die vermutlich aus Nordafrika stammt. Bei den Römern erfreute sie sich großer Beliebtheit, die im Gegensatz zu anderen Völker, die nur die Blätter verzehrten, auch die Wurzeln verwendeten. Ab dem 16. Jahrhundert wurde die Rote Rübe in England und Deutschland als Gemüse zubereitet. Sie wird in der Naturmedizin als Universalmittel geschätzt und empfohlen. Sie findet aber auch Anwendung als Pflanzenstärkungsmittel.

Rote Rübe-Jauche

ZUBEREITUNG
Dafür verwendet man nur die Blätter. 1 kg Blätter reichen für 10 Liter Wasser. Oftmaliges Rühren fördert die Umsetzung zu einer schleimigen Jauche.

ANWENDUNG
→ Neu angelegte Rasenflächen sind für mehrere Jauchengaben dankbar, besonders dann, wenn die Boden- und Umweltverhältnisse nicht optimal sind. Das Wachstum des Rasens wird kräftig unterstützt. Aber auch stark strapazierte Rasen sind für eine 1 : 10 verdünnte Jauche dankbar.

Sachalinknöterich *Reynoutria sachalinensis*

Der aus Ostasien stammende Sachalin-Staudenknöterich wurde im 19. Jahrhundert als Futterpflanze in Europa eingeführt. Der Sachalinknöterich hat große herzförmige Blätter (bis zu 30 cm lang) und wird in der Regel 1,5 bis 3 m hoch. Er besitzt hohle, bis zu 4 cm dicke Stängel. Ausbreitung vor allem über intensive Wurzelausläufer. Die positiven Eigenschaften besitzt nach Information von Wissenschaftern (Biologische Bundesanstalt Darmstadt) nur der Sachalin-Staudenknöterich. Japanischer Staudenknöterich hat diese positiven Kräfte nicht. Seine Blätter sind wesentlich kleiner als jene des Sachalinknöterichs.

Pflanzenstärkungs- und -pflegemittel

Sachalinknöterichextrakt

ZUBEREITUNG

Es gibt fertige Extrakte im einschlägigen Fachhandel (Präparat Milsana). Extrakte soll man ausschließlich vorbeugend einsetzen. Die Konzentration beträgt 0,3 bis 0,5 %. Auf vollständige Benetzung ist zu achten. Alle sieben bis zehn Tage, ab Mitte Juni je nach Befall wiederholen. Keine direkte Wirkung auf Erreger, vorhandener Befall kann kaum gestoppt werden. Man kann jedoch einen Wasserauszug (Teeaufguss) auch selbst leicht herstellen. Es genügen 10 g getrocknete Blätter auf 1 Liter heißes Wasser und danach ein wenig ziehen lassen und einsetzen. Auszüge/Extrakte einmal wöchentlich anwenden.

ANWENDUNG

→ Stellt ein hervorragendes Mittel gegen Mehltau- und Pilzbefall dar. Erhöht die Widerstandskraft gegen Echte Mehltaupilze im Gemüsebau (Gurken, Paprika, Feldsalat). Auch Begonien, Tomaten, Rosen und viele andere Pflanzen werden resistent gegen den Echten Mehltau und andere Pilzinfektionen. Der Knöterichextrakt wirkt wie eine Art »Schutzimpfung«.

Salbei *Salvia officinalis*

Salbei ist ein kleiner, verholzender Strauch, der besonders sonnige Lagen liebt und aus dem Mittelmeerraum stammt. Salbei hat kräftigende, antiseptische Eigenschaften und wird daher auch in der Hausmedizin sehr geschätzt. Als Räuchermittel reinigt Salbei Räume gründlich von negativen Energien und wirkt antiseptisch. Salbei enthält ätherische Öle, Flavonoide, Gerbstoffe, Bitterstoffe etc. Gesammelt wird die ganze Pflanze, der Wirkstoffgehalt ist jedoch vor der Blüte am höchsten. Zudem findet er Anwendung als biologisches Pflanzenpflegemittel. Salbei eignet sich bestens als Bestandteil von Mischkräuterjauchen oder Mischkräuterbrühen.

Salbeiauszug

ZUBEREITUNG
500 g frische Salbeiblätter in 10 Liter Wasser ca. zwei bis drei Tage ansetzen. Wiederholte Anwendung (auch als Bestandteil einer Mischkräuterjauche oder Mischkräuterbrühe gut geeignet).

ANWENDUNGSMÖGLICHKEITEN

→ Gegen Gemüsefliegen und Kohlweißlinge auf Kohlgewächsen (ein- bis zweimal wöchentlich besprühen).

→ Gegen Kohlweißlinge und Kohlfliegen 1:1 verdünnt ausbringen. Positive Wirkung auch bei Gefahr von Gemüsefliegen an Rettichen und Zwiebeln.

→ Salbeiauszug ist gut einsetzbar bei störenden Ameisen im Garten. Vorbeugender Einsatz gegen Krautfäule an Tomaten und Kartoffeln.

Salbeiextrakt

ZUBEREITUNG
Bei Selbstanfertigung eventuell nach folgender Empfehlung vorgehen: Hochprozentigen Alkohol auf 70 % verdünnen. Die Blätter in ein verschließbares, dunkles Gefäß geben und mit Alkohol auffüllen, bis die Blätter bedeckt sind, danach ca. acht Tage ziehen lassen und filtern. Extrakt dunkel und kühl lagern, auf 1 Liter Wasser ca. 7 bis 10 ml Extrakt geben.

Pflanzenstärkungs- und -pflegemittel

ANWENDUNG
→ Spritzungen können besonders die Anfälligkeit bzw. das Pilzwachstum auf den Pflanzen stark hemmen. Extrakte sind gut einsetzbar gegen Krautfäule bei Kartoffeln sowie Erdbeerfäule durch Grauschimmelbefall. Falscher Mehltau im Weinbau und Bohnenrost sind durch vorbeugende Behandlungen sehr gut in den Griff zu bekommen.

Schafgarbe Achillea millefolium

Die Schafgarbe ist ein Korbblütler und passt in jeden Ziergarten. Sie wird auch als Heilpflanze geschätzt. Schafgarben haben hübsche, flache Blütendolden. Man findet sie an Wegrändern, auf Wiesen und Geröllhalden. Die ganze Pflanze wird je nach Standort 30 bis 80 cm hoch. Die beliebte klassische Heilpflanze wächst in ganz Europa und Westasien. Die Germanen und Slawen glaubten an ihre magische Wirkung gegen alle Krankheiten, wenn die Schafgarbe in der Mittagsstunde geerntet wurde. Die therapeutische Verwendung entspricht in etwa derjenigen der Kamille. Sie wird innerlich und äußerlich als entzündungshemmendes Mittel angewendet. Die Schafgarbe ist reich an Kieselsäure und Kali.

Schafgarbenkaltwasserauszug

ZUBEREITUNG
20 g getrocknete Schafgarbenblüten in 1 Liter Wasser 24 Stunden einweichen, dann anschließend filtrieren und auspressen, 1 : 10 verdünnen und vorwiegend direkt auf die Pflanzen spritzen.

Pflanzenstärkungs- und -pflegemittel

ANWENDUNG

→ Eignet sich als pflanzenstärkendes und pilzhemmendes Mittel sowie auch als Zusatz zu anderen Kräuterbrühen im Verhältnis 1 : 2. Im Obst- und Weinbau an Blatttagen morgens auf das Blattwerk gespritzt, regt er den Kaliprozess an und kräftigt so die Pflanzen.

Schafgarbentee

ZUBEREITUNG

Zirka 0,25 kg frische Blüten in etwa 5 Liter Wasser aufkochen, kurz ziehen lassen und vor der Verwendung 1 : 5 verdünnen.

ANWENDUNG

→ Schafgarbentee im Obst- und Weinbau an Blatttagen in der Früh auf die Blätter aufgebracht, regt den Kali- sowie Schwefelprozess an und kräftigt so die Pflanzen. Hat gute vorbeugende Wirkung gegen Pilzkrankheiten.

Schafgarbe-/Brennnesseltee

ZUBEREITUNG

Eine Handvoll frischer Schafgarben in 10 Liter Wasser zum Kochen bringen. Danach eine Handvoll getrockneter Brennnessel dazufügen.

ANWENDUNG

→ Je nach Bedarf pur oder verdünnt einsetzen. Hemmt die Vermehrung von Pilzen und Insekten.

SCHNITTLAUCH
Pflanzenstärkungs- und -pflegemittel

Schnittlauch *Allium schoenoprasum*

Der Schnittlauch stammt wahrscheinlich aus Zentralasien, die Pflanze kommt heute praktisch in ganz Europa wild vor, selbst in Gebirgslagen. Schnittlauch enthält ähnliche Inhaltsstoffe wie seine Verwandten Zwiebeln und Knoblauch. Eignet sich wunderbar als Beeteinfassung. Zudem enthält Schnittlauch beträchtliche Mengen der Vitamine A und C. Durch die Topfkultur ist auch eine ganzjährige Nutzung möglich. Im Mittelalter aßen ihn die Menschen, um ihr jugendliches Aussehen zu bewahren.

Schnittlauchtee

ZUBEREITUNG
Zirka 100 bis 200 g frischen Gartenschnittlauch, der noch nicht blüht, mit 1 Liter kochendem Wasser übergießen, ca. 15 Minuten rühren, danach auskühlen und in einer Verdünnung von 1 : 3 auf die Pflanzen sprühen.

ANWENDUNG
→ Wirkt sehr erfolgreich gegen Mehltaubefall und andere pilzliche Schaderreger, z.B. bei Tomaten und Erdbeeren. Hält auch Möhrenfliegen fern.

Thuja *Thuja smaragd*

Die Heimat des Baumes ist der östliche und nördliche Teil Amerikas. Als Hecke gewähren sie Schutz vor neugierigen Blicken, dämpfen den Lärm und filtern Staub aus der Luft und dienen auch als Windschutz. Im Kompost darf Thujenschnitt nur sehr gering zugesetzt werden (beeinflusst den Rotteprozess negativ).

Thujajauche

ZUBEREITUNG
500 g zerkleinerter Thujaschnitt auf 10 Liter Wasser, vergären lassen, danach 1 : 1 verdünnen.

ANWENDUNG
→ Direkt in die Gänge eingießen. Vertreibt Wühlmäuse und Maulwürfe.

Thujatee

ZUBEREITUNG
Eine Handvoll zerkleinerten Thujenschnitt mit ca. 1 Liter kochendem Wasser überbrühen, anschließend rund zwei Stunden ziehen lassen, danach unverdünnt ausbringen.

ANWENDUNG
→ Ein sehr gutes Einsatzgebiet ist die Regulierung von Kartoffelkäferlarven.

Pflanzenstärkungs- und -pflegemittel

Thymian *Thymus vulgaris*

Thymian ist ein kleiner Halbstrauch aus der Familie der Lippenblütler. Die ganze Pflanze duftet sehr aromatisch. Die verschiedenen Thymianarten sind seit dem 16. Jahrhundert in Mitteleuropa bekannt. Thymian ist eine alte Heilpflanze. Die Griechen benutzten Thymian vor allem als Räucherpflanze. Thymian braucht einen trockenen, warmen Standort sowie leichten Boden in sonniger Lage. Im Hausgarten kann man das Kraut in den Steingarten pflanzen – es wird dort äußerst stark von Nutzinsekten aufgesucht. Schon in den Speisen wirkt Thymian als Heilkraut, da es den Stoffwechsel anregt. In der Medizin wird der Tee wegen seiner stark desinfizierenden Kraft geschätzt.

Thymiantee

ZUBEREITUNG

100 g frisches Kraut mit 1 Liter heißem Wasser überbrühen und kurz ziehen lassen. 1:3 verdünnt einsetzen.

ANWENDUNG

→ Thymian eignet sich auch gut als Partner für Mischjauchen. Das ätherische Thymianöl wird aus getrockneten Blüten und Blättern gewonnen. Thymianöl hat auch eine insektizide und repellente Wirkung gegen verschiedene Raupen, Ameisen, den Kohlweißling und Erdraupen. Die pflanzenschützende Wirkung ist ähnlich jener der Salbeiauszüge.

Tomaten (Paradeiser) *Lycopersicon esculentum*

Ursprünglich in Mittel- und Südamerika beheimatet, wurden Tomaten in Europa erst seit Beginn des 20. Jahrhunderts kultiviert. Früher nannte man sie »Liebesäpfel« oder »Paradiesäpfel«.

Tomaten sind in den letzten Jahren zu den Lieblingskindern der Ernährungswissenschafter avanciert. Als Zusatz zu anderen Pflanzenbrühen haben sich Tomatenauszüge hervorragend bewährt, um festsitzende, also saugende oder blattfressende, Insekten zu vertreiben. Tomatenblätter haben einen bekannt scharfen Geruch, dieser dient vor allem zur Schädlingsabwehr.

Tomatenblätter-Kaltwasserauszug

ZUBEREITUNG
Zwei Handvoll Blätter sehr fein zerkleinern, danach in 2 Liter abgestandenes Regenwasser geben, zwei bis drei Stunden ziehen lassen, unverdünnt spritzen.

ANWENDUNGSMÖGLICHKEITEN
-> Gegen Erdflohbefall, aber auch Ameisen suchen sich andere Wege.

-> Gegen Kohlweißling (Flugzeit), alle zwei Tage unverdünnt über die Kohlpflanzen spritzen. Wirkung durch Geruchsüberdeckung. Besonders die zweite Generation des Kohlweißlings (Flugzeit Mitte Juli bis Ende August) tritt oft stark schädigend auf. Der Kohlweißling legt seine Eier (goldgelb) an der Blattunterseite in Häufchen ab. Die Raupen fressen an Blättern und lassen meistens nur die Blattrippen stehen.

Pflanzenstärkungs- und -pflegemittel

Tomatentriebjauche

ZUBEREITUNG A
Für die Verjauchung sind die Geiztriebe sehr gut einsetzbar. Ausgebrochene Seitentriebe zerkleinern, eine Handvoll auf 1 Liter Wasser. Die fertige Jauche wird 1 : 5 bis 1 : 10 verdünnt.

ANWENDUNG A
→ Gegen Schnecken (1 : 1 verdünnte Jauche um gefährdete Pflanzen gießen, ohne die Blätter zu benetzen), Kohlweißling (Behandlung während der Flugzeit Juli bis Ende August mehrmals); wachstumsfördernd, besonders die Tomatenkultur ist sehr dankbar dafür.

ZUBEREITUNG B
Die Jauche wirkt stark wachstumsfördernd, nährstoffliebende Pflanzen sind daher sehr dankbar dafür; Verdünnung etwa 1 : 15 bis 1 : 20.

ANWENDUNG B
→ Besonders Bohnen, Gurken, Kohl, Paradeiser, Petersilie, Lauch, Sellerie und Zwiebeln sollte man einmal monatlich mit dieser Jauche behandeln.

Vergorene Kräuterjauche

ZUBEREITUNG
Dazu verwendet man Zwiebeln, Knoblauch, Wermut, Schwarze Johannisbeere (Blätter) und Sauerampfer. 100 g getrocknete oder 1 kg frische Pflanzenteile zu gleichen Teilen in 10 Liter Wasser vergären lassen, pro Tag öfters umrühren.

ANWENDUNGSMÖGLICHKEITEN
→ Unverdünnt gegen Pilzkrankheiten bei Erdbeeren einsetzen.

→ Will man Jungpflanzen vor Braunfäule, Asternwelke, Sellerieschorf und Kräuselkrankheit schützen, so wird die Jauche 1 : 5 verdünnt eingesetzt.

Die Kräuselkrankheit tritt besonders bei nasskaltem Frühlingswetter stark auf. Die Pilzkrankheit befällt hauptsächlich Pfirsichbäume. Blätter sind bereits kurz nach dem Austrieb blasig aufgetrieben und rötlich verfärbt. Stark befallene Blätter werden abgeworfen. Der Pilz überwintert in den Knospenschuppen oder Zweigen.

Wermut *Artemisia absinthium*

Wermut ist eine altbekannte Heilpflanze. Sie ist in ganz Europa als Wildpflanze verbreitet. Den wild wachsenden Wermut findet man an steinigen, sonnigen Orten. In den Klosterbibliotheken setzte man der Tinte etwas Wermutextrakt zu, um Mäuse und anderes Ungeziefer davon abzuhalten, die Schriftstücke anzufressen. Die strengen Düfte des Wermuts machen den meisten Nachbarpflanzen das Leben schwer. Wegen der hohen Gerb- und Bitterstoffe der Wermutpflanze kann diese vielseitig im biologischen Pflanzenschutz eingesetzt werden.

Neben diversen Bitter- und Gerbstoffen ist die Pflanze besonders reich an ätherischen Ölen. Den höchsten Gehalt an diesen positiven Inhaltsstoffen hat der Wermut während der Blüte im oberen Bereich der Pflanze. Im Hausgarten sollte er etwas abseits der übrigen Kulturen seinen Platz finden. Wermut erzielt seine positiven Eigenschaften wegen seiner kräftigen, geruchsintensiven Wirkung. Blüten und Blätter von Juni bis September sammeln.

WERMUT
Pflanzenstärkungs- und -pflegemittel

Wermutbrühe

ZUBEREITUNG A
3 Esslöffel getrockneten Wermut in einen Topf geben, mit 2 Liter Wasser übergießen, ca. zehn Stunden stehen lassen, die Wermutblätter gut ausdrücken und in einen Topf geben. Anschließend mit 2 Liter kochendem Wasser übergießen, 20 Minuten ziehen lassen, seihen und danach gibt man diese Flüssigkeit zu der schon vorher filtrierten kalten Brühe. Oft zeigt sich schon nach zweimaliger Behandlung ein Erfolg. Es wird empfohlen, die Spritzungen mindestens eine Woche lang täglich durchzuführen.

ANWENDUNG A
→ Gegen Säulchenrost an Johannis- und Stachelbeeren (Behandlungen vor und nach der Blüte), Ameisen, Raupen, Läusebefall erfolgreich unverdünnt einsetzbar.

ZUBEREITUNG B
300 bis 500 g frisches Pflanzenmaterial in 10 Liter heißem Wasser einweichen, etwa 24 Stunden stehen lassen, evtl. 1 % Wasserglas zugeben.

ANWENDUNG B
→ Gegen Bohnenfliege (Beet bzw. Reihen vor der Aussaat damit überbrausen), die Wirkung von Wermutprodukten ist überwiegend auf die vorhandenen Gerb- und Bitterstoffe zurückzuführen. Einsetzbar auch gegen andere Wurzelfliegenarten.

ZUBEREITUNG C
300 bis 500 g frischen Wermut 24 Stunden in 4 Liter Wasser einlegen, danach eine halbe Stunde leicht kochen lassen und 6 Liter Wasser beigeben.

ANWENDUNG C
→ Anwendung unverdünnt gegen Kohlweißling, Apfelwickler zur Flugzeit (Hauptflug meist im Juni). Als Vorbeugung bei Brombeermilben (im Frühjahr nach dem Schnitt) unverdünnt behandeln, gilt auch bei Erdbeermilben.

Pflanzenstärkungs- und -pflegemittel

Wermutjauche

ZUBEREITUNG
300 g frische oder 30 g getrocknete Wermutblätter in 10 Liter Wasser ein bis zwei Wochen gären lassen, bis Brühe nicht mehr schäumt, eine Verdünnung ist nicht notwendig.

ANWENDUNGSMÖGLICHKEITEN
-> Jauche tötet Schädlinge nicht, sondern wirkt abweisend. Gut gegen Schnecken, Ameisen (über die Nester gießen) sowie Larven des Dickmaulrüsslers (Mai bis September). Die Larven fressen an den Wurzeln und am Wurzelhals. Der Dickmaulrüssler ist flugunfähig und frisst nachts an den Blättern von Rhododendron, Rose, aber auch an Erdbeere und Rebe.

-> Im Frühjahr wird die Jauche unverdünnt gegen Säulchenrost an Johannisbeeren (vor und nach der Blüte), gegen Blattläuse, Raupen und Ameisen gespritzt; vertreibt die Schädlinge. Eventuell die Jauche gleich in die Ameisenbauten gießen. Wenn Erdflohbefall auftritt, geschädigte Pflanzen mit unverdünnter Wermutjauche übergießen. Der Erdfloh tritt bereits ab 20 °C im Frühjahr auf und kann durch Lochfraß an den Blättern der Kreuzblütler (z.B. Krautpflanzen) diese stark schädigen.

Wermuttee

ZUBEREITUNG
100 g frische oder 10 g getrocknete Wermutblätter mit 2 Liter Wasser übergießen, zwei bis drei Stunden stehen lassen, danach fünf Minuten leicht kochen, filtern und erkalten lassen. 3 Liter Wasser hinzufügen und unverdünnt ausbringen.

ANWENDUNGSMÖGLICHKEITEN
-> Unverdünnt gegen Blattläuse und Kirschfruchtfliegen (Flugzeit ab Mitte Mai bis Juli); 1:2 verdünnt gegen Brombeer- und Erdbeermilben sowie Säulchenrost.

Pflanzenstärkungs- und -pflegemittel

→ Auf der Blattunterseite sind ab Juli kleine, rötlich gelbe Pusteln feststellbar, die sich später rotbraun färben. Bei starkem Befall kommt es zu einer frühzeitigen Entlaubung. Im Herbst wechselt der Säulchenrostpilz auf fünfnadelige Kiefernarten. Sommerspritzungen gegen den Apfelwickler (Flugzeit Ende Mai bis Anfang August) werden 1:3 verdünnt eingesetzt. Gegen Bohnenläuse acht Tage vor der Ernte zum letzten Mal einsetzen.

→ Bei Auftreten von Erbsenblattrandkäfer (ab März aus dem Winterquartier) die Pflanzen ein- bis zweimal mit Wermuttee behandeln.

→ Zur Bekämpfung von Erdraupen den Boden der Pflanzen ordentlich eingießen (für Leguminosenpflanzen nicht geeignet). Erdraupen verursachen zuerst Loch- und Randfraß an Blättern, nach etwa einem Monat fressen sie überwiegend an unterirdischen Pflanzenteilen.

→ Gegen Schwarze und Gelbe Pflaumensägewespe nach Blütenabfall zwei- bis dreimal mit Wermuttee behandeln.

Zwiebeln *Allium cepa*

Zwiebeln und ihre Verwandten gehören wahrscheinlich zu den ältesten Gemüsearten der Erde. Sie werden sowohl in alten ägyptischen Dokumenten als auch in historischen chinesischen Quellen erwähnt. In Ägypten ernährten sie zusammen mit Rettich und Knoblauch die Pyramidenbauer. Durch die antibakterielle Wirkung dieser Gemüsearten wurde angeblich die Ausbreitung von Seuchen in den überfüllten Arbeiterquartieren verhindert. Auch bei den Römern und Griechen kamen Zwiebeln gegen Pflanzenschädlinge zum Einsatz. Zwiebeln finden als Hausmittel, aber auch in der Homöopathie Anwendung. Zwiebeln enthalten außer Vitaminen vor allem schwefelhaltige, ätherische Öle und können gute Dienste im biologischen Gartenbau leisten. Verwendet werden ausgereifte Zwiebeln und frisches Zwiebellaub.

Zwiebelschalenbrühe

ZUBEREITUNG
Dafür nimmt man 20 bis 50 g Zwiebelschalen und legt diese in 1 Liter Wasser, eine halbe Stunde leicht kochen. Danach abkühlen lassen, sieben und anwenden.

ANWENDUNG
→ Unverdünnt gegen Milben, Pilzkrankheiten und Tomatenkrautfäule einsetzbar.

Zwiebelschalenjauche

ZUBEREITUNG
40 bis 50 g Schalen und grünes Röhrenlaub in 1 Liter Wasser vier bis sieben Tage ziehen (vergären) lassen, 1:15 verdünnen.

ANWENDUNGSMÖGLICHKEITEN
→ Gegen Grauschimmel (bei Erdbeeren,) Mehltau, Möhrenfliegen, Milben, Kartoffelfäule, Tomatenbraunfäule, Bakterienkrankheiten und Virusbefall. Um die Möhrenfliege fernzuhalten, zweimal wöchentlich anwenden. Die Möhrenfliege tritt ab Ende April bis in den Spätherbst hinein in mehreren Generationen auf. Madenfraß kann nicht nur am Feld, sondern auch im Möhrenlager stattfinden. Neben Möhren sind auch Knollenfenchel, Sellerie und Petersilie gefährdet.

→ Zur Vorbeugung und Kräftigung gegen Pilzbefall an Obstbäumen Jauche 1:10 verdünnt über die Baumscheiben gießen.

ZWIEBELN
Pflanzenstärkungs- und -pflegemittel

-> Gegen die Blattfall- und Blattfleckenkrankheit an Beerensträuchern werden diese mit unverdünnter Jauche überspritzt. Die Blattfall- und Blattfleckenkrankheit tritt bevorzugt an Johannis- sowie Stachelbeeren auf. Bereits beim ersten Auftreten gründlich behandeln.

Zwiebelschalenjauche-Kombination

ZUBEREITUNG
500 g Zwiebeln, 500 g Knoblauch und 500 g Schnittlauch in 15 bis 20 Liter Wasser geben. Vergären lassen und vor der Verwendung 1:10 verdünnen.

ANWENDUNG
-> Vorbeugend gegen Viren (können sich nur in lebenden Zellen anderer Organismen entwickeln) und Bakterien, vertreibt Milben (unverdünnt) und hilft gegen Pilzkrankheiten.

Zwiebelschalentee

ZUBEREITUNG A
Teeaufguss aus 70 bis 80 g gehackten Zwiebeln auf ca. 10 Liter Wasser, mindestens fünf Stunden ziehen lassen, unverdünnt auf Boden und Pflanzen spritzen, besonders gut wirksam gegen Pilzerkrankungen. Es ist auch möglich, Zwiebelschalen zu verwenden.

ANWENDUNG A
-> Hilfreich gegen Erdbeermilben (vom Frühling bis zur Blüte öfters überbrausen), Grauschimmel (besonders stark auftretend in feuchten Jahren) und Mehltau.

ZUBEREITUNG B
50 g Zwiebelschalen in einem halben Liter Wasser gut aufkochen, danach abkühlen lassen und anwenden.

Pflanzenstärkungs- und -pflegemittel

ANWENDUNGSMÖGLICHKEITEN B

→ Gegen Spinnmilben (Schädigung durch ihre Saugtätigkeit vorwiegend an der Blattunterseite) an Obstbäumen, Bohnen, Gurken und Tomaten, mit unverdünntem Aufguss an der Blattoberseite und der Blattunterseite besprühen. Die Behandlung sollte mehrmals erfolgen. Spinnmilben treten besonders in warm-trockenen Witterungsperioden auf.

→ Zum Schutz vor Lagerfäule den Tee unverdünnt über das Lagerobst aufbringen. Der Zwiebelgeruch verliert sich nach zwei bis drei Wochen.

Anmerkungen

Kräuterauszüge eignen sich auch in verschiedenen Mischungen, da sich die einzelnen Kräuter teilweise sehr gut ergänzen und unterstützen. Auch Pflanzenjauchen kann man ohne Weiteres miteinander mischen und so ihre Wirkung kombinieren. Diese Mischungen sollte man ca. 1:20 verdünnt einsetzen.

Die Experimentierfreudigkeit der Anwender und Gartenliebhaber ist daher gefordert. Jauchen, Brühen etc., die im Gemüsegarten nicht mehr benötigt werden, sind auch im Obstgarten verwendbar. Sträucher und Obstbäume sind dafür sehr dankbar.

Im gut sortierten Gartenfachhandel können Sie viele dieser Produkte auch gebrauchsfertig beziehen. Der schönere und interessantere Weg ist jedoch, die Natur selbst zu erforschen.

Im Garten soll die Natur der Lehrmeister sein, und der Gärtner ist der Lehrling.

LOUIS G. LEROX

Tee-Einsatz auf Großflächen

Tee-Einsatz auf Großflächen

In Österreich beschäftigt sich eine innovative Winzergruppe mit der Stärkung der Reben durch Tees. Die ersten Schritte wurden 2005 gesetzt, der Verein *respekt-BIODYN* 2007 gegründet. Die *Respekt*-Winzer berücksichtigen nicht nur die Wirkung der planetaren Konstellationen auf die Organismen. Sie stärken die Reben auch mit Hornkiesel, Hornmist sowie Pflanzenauszügen.

Das Ziel ist, in der Natur Stoffe und Mittel ohne industrielle oder synthetische Verarbeitung zu finden, die bei auftretenden Problemen helfen können. Dabei wird auch auf die anthroposophische Medizin und die klassische Homöopathie zurückgegriffen. Im Einvernehmen mit der »Apotheke der Natur« wird eine gesunde und produktive Landwirtschaft gefördert. Der Boden wird durch biodynamischen Kompost gestärkt.

Grundsatz ist neben der biodynamischen Wirtschaftsweise der in den Kultur-Richtlinien festgeschriebene Einsatz von Tees. Dabei handelt es sich um Ackerschachtelhalm-, Brennnessel- und Kamillentee. Es ist wichtig, den Boden und die Rebstöcke »ganzheitlich« zu sehen sowie auf chemische Keulen im Weinberg und in der Folge auch im Weinkeller zu verzichten. Für die Zukunft ist die Behandlung mit Schafgarben-, Löwenzahn- und Birkenblättertees angedacht.

Die Zubereitung der Tees erfolgt überwiegend in Industriekochern, welche ein Fassungsvermögen von 400 bis 500 Litern haben. Der Einsatz pro Hektar beläuft sich auf ca. 40 Liter. Die Ausbringung erfolgt auf umgebauten »Quads«, die dort transportierte Teemenge beträgt rund 200 Liter. Die Tees werden einzeln ausgebracht.

Die Tees werden wie folgt aufbereitet: Die Drogenmengen (getrocknete Heilkräuter) werden in mit handwarmem Wasser gefüllte Kocher hineingegeben. Danach werden sie durch Erhitzung je nach Teeart entweder stark erwärmt oder aufgekocht.

Tee-Einsatz auf Großflächen

a) **Brennnesseltee:** Die Blattdroge wird in warmes Wasser gegeben und auf ca. 80 °C erhitzt und nach Abkühlung abgesiebt. Nachdem der Tee abgekühlt ist, kann er im Weingarten ausgebracht werden. Der Tee wird mindestens einmal im Frühjahr auf den Boden und später ins Laubwerk gespritzt. Der Einsatz sollte in der Früh und vor Vollmond erfolgen. Brennnesseltee regt die vitalen Kräfte der Pflanzen an und ist günstig für den Mangan- und Eisenprozess.

b) **Ackerschachtelhalmtee:** Beim Ackerschachtelhalm wird der Tee zum Kochen gebracht. Dies ist notwendig, um den sehr wertvollen Inhaltsstoff, die Kieselsäure, herauszulösen. Ackerschachtelhalm wird erst nach der Sommersonnenwende vor Neumond in den Weinbergen ausgebracht.

c) **Kamillentee:** Dieser Tee wird ebenfalls nur auf ca. 60–80 °C erhitzt. Der Einsatz erfolgt vorwiegend bei trockener, heißer Witterung sowie bei Verletzungen, beispielsweise durch Hagelschlag. Eine besondere Mondkonstellation für den Einsatz wird nicht empfohlen, sondern »wenn nötig«, wie's heißt.

Die bisherigen Ergebnisse der Praktiker sind ausschließlich positiv. Teespritzungen erhöhen die Qualität der Trauben und schlussendlich die Weinqualität.

»Wein ist das Blut der Erde.«
HILDEGARD VON BINGEN

Tee-Einsatz auf Großflächen

234

OBEN
Füllen des Kochers mit Ackerschachtelhalm (Weingut Pittnauer, Gols).

UNTEN
Der Tee macht auch im Weinglas »gute Figur«.

235   Tee-Einsatz auf Großflächen

RECHTS
Die Teeausbringung erfolgt mittels adaptiertem Quad.

Weitere Pflanzenpflegemittel, Pflanzenhilfsmittel und Pflanzenschutzprodukte

Weitere Pflanzenpflegemittel, Pflanzenhilfsmittel und Pflanzenschutzprodukte

Hier sind jene Produkte angeführt, deren Einsatz im ökologischen Gemüse-, Wein- und Obstbau möglich ist. Zusätzlich sind einige wenige Pflanzen kurz beschrieben, die ebenfalls die gesunde Entwicklung der Pflanzenbestände positiv unterstützen.

Alaun

Früher wurde bei der Alaun-Gewinnung auch der Begriff »Schwefelsaure Tonerde« benutzt, dieser kommt in alten Rezepten noch vor. Als Grundstofflieferanten dienen Bauxit und Kaolin.

50 g Alaun werden in 1 Liter kochend heißem Wasser aufgelöst, später noch 9 Liter Wasser dazugeben. Die verwendete Konzentration soll höchstens 0,5 % betragen.

Gegen Raupen, Blattläuse; auch Schnecken meiden damit behandelte Pflanzen. Mittel nicht kurz vor der Ernte aufbringen, Rückstände haften lange an Blättern und Früchten. Eignet sich sehr gut gegen Schildläuse und Weiße Fliegen.

Um einen Schneckenzaun herzustellen, Alaun zu feinem Pulver verreiben und bis zu 2 % Gesteinsmehl oder Sägespäne dazugeben, danach einen ca. 5 cm breiten und 2 bis 3 mm hohen Saum um die zu schützende Fläche anlegen.

Algenextrakt

Es sind verschiedene flüssige oder pulverförmige Extrakte aus Grünalgen und Braunalgen im Handel erhältlich. Als Pflanzenpflegemittel werden insbesondere Braunalgenextrakte eingesetzt. Eine besonders gute Wirkung zeigten Braunalgenextrakte gegen Kraut- und Knollenfäule im Kartoffelbau und bei Tomaten gegen Kraut- und Braunfäule. Extrakte werden 0,9 %ig eingesetzt (jedoch Gebrauchsanleitung beachten). Durch Extrakteinsatz stellte man bei Tomaten eine Zunahme des Chlorophyllgehaltes fest. Beizen der Setzlinge und Setzknollen mit Lehm-Algenextrakt vermindert eine Verschleppung der Thripse.

Weitere Pflanzenpflegemittel, Pflanzenhilfsmittel und Pflanzenschutzprodukte

Flüssige Algenextrakte, 0,1 bis 0,2%ig alle zehn bis 14 Tage auf Gemüsepflanzen aufgebracht, wirken sich sehr vorteilhaft auf die Entwicklung aus. Kräuter und Gewürze sind dankbar, wenn 0,1%iges Algenwasser auf den Boden aufgebracht wird.

Algenkalk

Heute weiß man, dass Algen sehr viel Kali, etwas Stickstoff und untergeordnet Phosphor enthalten. Sie finden daher auch als pflanzliche Dünger Anwendung. Sehr wertvoll ist auch der hohe Gehalt an Spurenelementen und Magnesium. Algendünger dürfen jedoch nicht mit Algenextrakten verwechselt werden. Das Stäuben von Algenkalk über das trockene Blattwerk fördert die Widerstandsfähigkeit gegenüber Pilzkrankheiten. Besondere Einsatzgebiete: Echter Mehltau, Krautfäule, Lauchmotte und Insekten wie Kartoffelkäfer und Erdflöhe. Auch gegen Wurzelfliegen verwendbar.

Ätherische Öle

Es gibt unterschiedliche Herstellungsverfahren für ätherische Öle; die gängigste ist die Wasserdampfdestillation. Diese kann auch einfach selbst gemacht werden. Ätherische Öle kann man aus allen Kräutern, Blumen und Ästen herstellen, die in ihrer Zusammensetzung Öl enthalten. Fenchelöl zeigt eine vorbeugende und stärkende Wirkung gegen Echten Mehltau und Rostkrankheiten. Die Pflanzen müssen damit blattober- und unterseits tropfnass bei bedecktem Himmel behandelt werden. Thymianöl und Pfefferminzöl haben ebenfalls eine stark insektenabweisende Wirkung.

Biplantol

Das ist ein Pflanzenstärkungsmittel auf homöopathischer Basis und eignet sich für Garten- und Zimmerpflanzen. Biplantol gibt es für verschiedene Einsatzmöglichkeiten als Pflanzendünger, aber auch als homöopathisches Pflanzenstärkungsmittel speziell für Buchs, Gemüse, Orchideen, Kräuter, Rosen, Zitrusfrüchte usw. Die Produkte sind im Gieß- oder Sprühverfahren anwendbar.

Weitere Pflanzenpflegemittel, Pflanzenhilfsmittel und Pflanzenschutzprodukte

Brottrunk

Brottrunk ist ein Milchsäure-Gärungsprodukt. Es wird aus Weizen, Roggen, Hafer, Wasser, Steinsalz und Natursauerteig hergestellt. Brottrunk hat einen hohen Anteil an Milchsäurebakterien, wichtigen Vitaminen und Spurenelementen. Unter Naturheilkundigen ist der Brottrunk schon lange ein Geheimtipp. Er fördert die Kräftigung des Immunsystems. Erfahrungen zeigen, dass Brottrunk auch im Gemüsebau, z.b. bei Tomaten und Gurken, erfolgreich gegen Pilzerkrankungen eingesetzt werden kann. Laboruntersuchungen zeigen, dass mit Brottrunk behandelte Pflanzen widerstandsfähiger gegen Schädlinge sind, auch das Wachstum ist kräftiger. Zur Bodenverbesserung ist es günstig, im Herbst eine Mischung von ½ Liter Kanne Fermentgetreide auf 10 Liter Wasser eingerührt in den Boden einzugießen. Brotsäurebakterien verbessern den Boden und schaffen so günstige Voraussetzungen für die Pflanzen. Auch in der Kompostaufbereitung wirkt eine Zugabe vorteilhaft.

Die Dosierung ist unterschiedlich und beträgt als Beizmittel 1 bis 2 Liter/dt oder als Zusatz zum Gießwasser ca. 5 %. Als Spritzmittel für Gemüse, Wein, etc. 15 %ig anwenden, als Kompoststarter 1 bis 2 Liter/m^3. Die gebräuchlichsten Produkte sind Kanne-Brottrunk oder Fermentgetreide flüssig, diese sind auch bio-zertifiziert.

»Die Lösung«

Bei der Komposition »Die Lösung« handelt es sich um sechs verschiedene Produkte, die sich auf die jahreszeitlichen Anforderungen einstellen. Die Produkte »Die Lösung« stehen für chemiefreies Gärtnern. »Die Lösung« bietet ein natürliches Pflanzenstärkungssystem für gesundes Pflanzenwachstum und ebnet den Weg zum nachhaltigen und biologischen Gärtnern. Diese Präparate basieren auf der biodynamischen Anbaumethode. Sie schaffen robuste Pflanzen mit natürlicher Schönheit und Ausstrahlung. Produkte sind nicht bienengefährlich, keine Wartezeit bis zur Ernte.

Weitere Pflanzenpflegemittel, Pflanzenhilfsmittel und Pflanzenschutzprodukte

Effektive Mikroorganismen

Die Entdeckung geht auf den japanischen Agrarwissenschafter Dr. Teruo Higa zurück. 1968 begann Higa mit der Forschung von Effektiven Mikroorganismen (EM) für die Landwirtschaft. Effektive Mikroorganismen bestehen aus gemischten Kulturen von nützlichen und in der Natur vorkommenden Mikroorganismen, die als Impfung angewendet werden, um die mikrobielle Vielfalt von Böden und Pflanzen zu steigern. EM enthält Photosynthesebakterien, Milchsäurebakterien und Hefen. Durch Spritzung mit EM-Produkten kann man Pflanzen vor Schädlingen und Krankheiten schützen. EM werden auch zur Hygienisierung von Komposten verwendet. Zusätzliche Einsatzmöglichkeit in Teichen, Biotopen und Fischgewässern zur Verbesserung der Wasserqualität.

Direkte Pflanzenbehandlungen fördern sehr stark das Längenwachstum, daher im Jungpflanzenbereich mit Vorsicht einsetzen. Neben EM wird auch Knoblauchextrakt, ein Kräuterextrakt sowie ultrafeines Urgesteinsmehl und Bio-Molke verwendet. Viele Obst-, Wein-, Gemüse- oder Viehbauern verwenden Effektive Mikroorganismen zur Stärkung ihrer Pflanzen und Tiere. Effektive Mikroorganismen immer zuletzt in eine Spritzbrühe geben und nicht im Sonnenlicht spritzen.

Eierschalen

Eierschalen müssen zwei Wochen im Wasser liegen, bevor dieser Auszug als leichte Kalkdüngung eingesetzt wird. Es ist dies eine sehr günstige Variante, die Pflanzen ausreichend mit Kalk zu versorgen. Zermahlene Eierschalen lassen sich bestens in Erdmischung für die Pflanzenanzucht einsetzen. Zerriebene Eierschalen kann man in Saatrillen oder Pflanzlöcher geben. Zum Gießen der Pflanzen kann das Kochwasser unverdünnt gegeben werden. Kochwasser von Eiern nicht wegschütten, sondern in die Regentonne geben und weiter verwenden. Eierschalenwasser ist für kalkfeindliche Pflanzen, wie z.B. Azaleen und Hortensien, nicht geeignet.

Weitere Pflanzenpflegemittel, Pflanzenhilfsmittel und Pflanzenschutzprodukte

Elot-Vis

Dieses Produkt besteht aus alkoholischen Extrakten von Hanf, Ringelblume und Traubenkirsche ohne weitere synthetische Bestandteile. Die Wirkung geht von den Extraktstoffen aus. Elot-Vis wird in 5- bis 10 %iger Lösung mit einer praxisüblichen Spritze eingesetzt. Die Behandlung muss generell vorbeugend erfolgen. Eine gründliche Benetzung der Pflanzen ist unbedingt erforderlich. Alle sieben bis zehn Tage wiederholen, da die Wirkung sich nach ca. sieben Tagen abbaut. Es zeigt bei vorbeugender Behandlung eine sehr gute Wirkung gegen Echte und Falsche Mehltaupilze bei Gurken, Kopfsalat und Tomaten.

Gesteinsmehl

Dies sind fein vermahlene Gesteinsmehle bzw. Tonmineralien mit einem hohen Silikatanteil. Steinmehle sind äußerst wichtige Lieferanten von Spurenelementen. Sie werden schon lange erfolgreich zur Pilzabwehr eingesetzt. Der Einsatz von Gesteinsmehl im Garten und als Pflanzenschutzmittel erfordert viel Fingerspitzengefühl. Eine Wirkung gegen Insekten wird nur bei fest sitzenden, saugenden und blattfressenden Arten erzielt; eiablegende Tiere werden nicht beeinträchtigt.

Beim Spritzverfahren wird feinstes Gesteinsmehl mit Wasser gemischt und ist 0,5 bis 5 %ig einsetzbar. Steinmehl muss im Wasser gut und kräftig gerührt werden, danach ein feines Sieb beim Einfüllen in die Spritze verwenden, von Zeit zu Zeit gut schütteln, da Steinmehl in der Brühe auf den Boden sinkt. Gesteinsmehl nicht während des Bienenfluges spritzen oder streuen. Staub behindert die Tiere und deren Augen und Atemöffnungen. Daher nur am späten Nachmittag bzw. am beginnenden Abend ausbringen.

Gegen Pilzkrankheiten ist eine vorbeugende Behandlung in zehn- bis 14-tägigen Abständen ab Mai bis Mitte August notwendig. Immer auch die Blattunterseite gut benetzen. Ebenso werden bei Insekten (z.B. Kartoffelkäfer im Larvenstadium, Erdflöhe, Blattläuse) deren Atemöffnungen wie auch ihre

GESTEINSMEHL

Weitere Pflanzenpflegemittel, Pflanzenhilfsmittel und Pflanzenschutzprodukte

Sehorgane durch ultrafeines Steinmehl verstopft bzw. verklebt. Die Tiere sind in ihrer Funktion stark behindert, eine Abtötung erfolgt jedoch nicht. Die behandelten Pflanzen werden nach einigen Stunden verlassen und locken kaum neue Insekten an.

Verrührt man Gesteinsmehle mit Wasser, entsteht eine alkalische Flüssigkeit. Aufgebracht auf Pflanzen härtet diese die Oberfläche junger Pflanzen und stärkt damit diese gegenüber Pilzkrankheiten wie Rost und Mehltau. Bei Rosenrost Pflanzen mit Steinmehl stäuben.

Die günstigste Form ist jedoch die Einbringung über die Kompostzubereitung. Zu Kompost ca. 5 kg je 100 kg Kompost. Im Obstbau ca. 10 kg je 100 m² Bodenfläche. Zum Stäuben 1 bis 2 kg Feinmehl je 100 m² Pflanzenbestand.

RECHTS
Gesteinsmehle (Diabas, Basalt etc.) haben im ökologischen Garten- und Landbau große Bedeutung.

Weitere Pflanzenpflegemittel, Pflanzenhilfsmittel und Pflanzenschutzprodukte

Grapefruitkernextrakt

In ½ Liter lauwarmes Wasser ca. 30 Tropfen Extrakt geben, danach kräftig schütteln. An zwei aufeinanderfolgenden Tagen tropfnass einsprühen, diese Mischung ist sehr erfolgreich einsetzbar. Gegen Blatt- und Schildläuse, wirkt aber auch gegen Grauschimmel im Erdbeeranbau und andere Pilzkrankheiten im Gemüsebau.

Kaffee

Amerikanische Agrarwissenschafter haben festgestellt, dass Schnecken Pflanzen, die mit einer 0,01%igen Koffeinlösung behandelt wurden, meiden. Zur Schneckenregulierung auf jeden Fall Filterkaffee verwenden, da er wesentlich mehr Koffein enthält als löslicher Kaffee. Grundsätzlich hängt die Stärke (Koffeingehalt eines Kaffees) von der verwendeten Sorte ab und von der Brühdauer. Fertig gebrühter Kaffee hat einen Koffeingehalt von ca. 0,1%.

Der Kaffee wird auf das Blattwerk von Pflanzen oder den umgebenden Boden gesprüht. Salatpflanzen sollen nicht direkt besprüht werden. Sollte es kurz danach regnen, muss neuerlich eine Behandlung erfolgen. Ergebnisse im Praxisversuch waren nicht imponierend.

Kaffeesatz

Er enthält 2% Stickstoff, Phosphor und Kalium; hat einen pH-Wert von 6,4 bis 6,8. Beim Umtopfen kann man Kaffeesatz einmischen. Auch für Düngung von Pflanzen, die ein eher saures Milieu bevorzugen, wie z.B. Azaleen, Engelstrompeten, Hortensien, Pfingstrosen und Tomaten (fördert Pflanzen- und Fruchtwachstum). Kann man trocken oder in Wasser gelöst aufbringen. Kaffeesatz hilft auch gegen Ameisen, es kann auch direkt auf den Ameisenhügel gestreut werden. Auch Katzen mögen den Geruch nicht.

Kaffeesatz ist ein ausgezeichneter Zuschlagstoff in der Kompostierung, er beschleunigt diese und wird gerne von den Kompostwürmern aufgenommen.

Weitere Pflanzenpflegemittel, Pflanzenhilfsmittel und Pflanzenschutzprodukte

RECHTS
Die Kaiserkrone ist eine prachtvolle Frühjahrsblüherin. Ihr Moschus-Knoblauch-Geruch kann Wühlmäuse aus der näheren Umgebung vertreiben.

Kaiserkrone

Die Kaiserkrone stammt aus Nordindien, Afghanistan und dem Himalaya und kam im 16. Jahrhundert als »Persische Lilie« nach Europa. Durch intensiven Geruch der Pflanzenzwiebeln können Wühlmäuse vertrieben werden. Es ist daher günstig, Einzelpflanzen im Garten verteilt zu kultivieren.

Kaliumpermanganat

Dieses Produkt findet Anwendung als pilzhemmendes Mittel (z.B. gegen Schorf) und als desinfizierende Saatgutbeize, wird aber auch gegen bakterielle Erkrankungen erfolgreich eingesetzt. Kaliumpermanganat ist stark sauerstoffaktiv und wirkt deshalb wachstumsfördernd und desinfizierend.

Kaliumpermanganat darf im Obstbau höchstens 0,4 %ig zur Vor- und Nachblütenspritzung, ab Ende Mai nur noch maximal 0,1 %ig Anwendung finden. Auf grüne Pflanzen gespritzt, darf die Konzentration nicht über 0,2 % liegen, stärkere Lösungen dienen der Rindenbehandlung. Wird Kaliumpermanganat auf Fäulnisstellen eingesetzt, so beträgt die Konzentration maximal 0,5 %. Die betroffenen Stellen werden damit eingepinselt bzw. eingesprüht.

Weitere Pflanzenpflegemittel, Pflanzenhilfsmittel und Pflanzenschutzprodukte

Die Behandlung mehrmals wiederholen, bis ein austrocknender, heilender Zustand erkennbar ist. Zu hohe Konzentrationen verursachen Flecken auf den Ernteprodukten. Es wird vor allem im biologischen Erwerbsobstbau als Beimischung zu Netzschwefel verwendet.

Kapuzinerkresse

Diese ist nicht nur eine sehr hübsche Gartenpflanze, sondern dient zwischen verschiedenen Pflanzenkulturen im Garten auch zur Abwehr der lästigen Blutlaus und hält weiters Ameisen, Mäuse, Raupen und Schnecken fern. Blattlausbefall an Obstbäumen wird verhindert, indem man Kapuzinerkresse auf die Obstbaumscheiben sät. Die Kapuzinerkresse wirkt auch gegen die Kräuselkrankheit.

Kartoffelhälften

Kartoffeln eignen sich vorzüglich als Fangpflanzen für Drahtwürmer. Dabei werden Kartoffelhälften mit der Schnittfläche nach unten 5 bis 10 cm tief in die Erde eingegraben, ca. 3 Kartoffelhälften auf 1 m² verteilen. Die Köder nach einigen Tagen kontrollieren und die vorhandenen Larven entfernen. Mit dem Auslegen der Köder schon zeitlich im Frühjahr beginnen. Eignet sich für Hausgärten. Als Alternative kann man auch Möhren verwenden.

Kartoffelwasser (Kartoffelabsud)

Abgekühltes Kartoffelkochwasser eignet sich unverdünnt eingesetzt sehr gut gegen Blattlausbefall in Rosenbeständen. Auch Topfpflanzen lieben abgekochtes Kartoffelwasser. Es ist nicht nur weich, sondern verfügt auch über Spurenelemente und Stärke, dadurch wird das Bodenleben im Blumentopf positiv aktiviert.

Weitere Pflanzenpflegemittel, Pflanzenhilfsmittel und Pflanzenschutzprodukte

Knoblauch

Knoblauch, unter Pfirsichbäumen gepflanzt, ist eine wirksame Maßnahme gegen das Auftreten der Kräuselkrankheit. Knoblauch ist auch sehr vorteilhaft im Rosenbeet, da dadurch das Auftreten des gefürchteten Sternrußtaues (besonders hochgezüchtete Rosen sind gefährdet) stark gemindert werden kann.

Knoblauchzehen wurden schon seit früher Zeit als Abwehrmaßnahme gegen das unerwünschte Auftreten von Wühlmäusen im Gartenbereich eingesetzt. Gegen den Dickmaulrüssler wird eine ganze Knoblauchzehe zerkleinert und in die Erde gesteckt. Für einen 14 bis 16 cm großen Blumentopf reicht eine halbe Zehe. Alle vier Wochen erneuern. Der Dickmaulrüssler frisst in der Dunkelheit vom Blattrand her meist runde Löcher. Die Larven leben im Boden.

Einige Knoblauchzehen in 95 %igem Alkohol 14 Tage ansetzen und danach 2 %ig gegen tierische Schädlinge einsetzen. Man kann auch ein wenig Schmierseife und Neemöl dazugeben.

Kokosseifenlösung

Gegen Regenflecken (verschiedene Pilze) im Kernobstbau; mit der Behandlung im Spätsommer beginnen. Wichtig: gute Applikation, bis acht Behandlungen erforderlich.

Kompostauszug

Bei Versuchen für Kompostauszüge lieferten Komposte aus Rinder-, Pferdemist und Weintrestern die besten Ergebnisse. In Pflanzenkomposte sollte nach Möglichkeit Mist mit eingebaut werden. Die verwendeten Komposte müssen eine gute Rotte hinter sich haben und ca. sechs Monate alt sein.

Kompost im Volumsverhältnis von 1 : 10 mit Regenwasser vermischen, ca. drei bis zehn Tage ansetzen und bei Temperaturen von 18 bis 25 °C täglich ein- bis zweimal umrühren. Nach ca. acht bis zwölf Tagen Kompostauszug (schäumt nicht mehr) filtern, 1 : 5 bis 1 : 10 verdünnt im Abstand von acht bis zehn Tagen ausbringen. Eindeutige Rezepturen gibt es nicht, da die Wirkung jeweils von den darin enthaltenen Mikroorganismen abhängig ist. In wissenschaftlichen Berichten werden jedoch für das Freiland Verdünnungen (Angaben in Volumprozenten) von 1 : 5 oder 1 : 10 Kompost zu Wasser angegeben.

Dient als allgemeines Stärkungs- und Düngemittel, für das alle Kulturen sehr dankbar sind. Führt zu starker Reduzierung von Pilzbefall (z.B. Krautfäule der Kartoffel, Echter Gurkenmehltau, Grauschimmelfäulnis der Erdbeere), dient auch zur Kräftigung der Pflanzen. Um die Wirkung von Kompostextrakten zu verstärken, können noch Algenextrakt, Gesteinsmehl und Zucker zugesetzt werden. Da die Wirkung an eine lebende Mikroorganismengemeinschaft gebunden ist, sollten die fertigen Extrakte nicht länger als höchstens eine Woche nach ihrer Herstellung und nicht über 18 °C gelagert werden.

Kuhdung/Zucker/Melasse/Holzasche

Geeignet für den Obstbau. In ein 200-Liter-Fass mit Wasser werden 50 kg frischer Kuhdung gegeben. Hinzu kommen einige Kilo Zucker oder Melasse und Holzasche, auch etwas Kalk. Man lässt die Brühe bei Temperaturen über 20 °C ca. einen Monat ausreifen, Verdünnung von 1 bis 5 %, wöchentlich oder 14-tägig spritzen (nach Lutzenberger, Pionier der Umweltbewegung in Südamerika, Nobelpreisträger 1988). Fördert die Entwicklung des Pflanzenbestandes und mindert den Pilz- und Schädlingsbefall.

Kupfer

Kupfermittel sind vielseitig einsetzbar, z.B. bei Falschem Mehltau, Schorf sowie Krautfäule bei Kartoffeln und Tomaten. Kupfer findet auch gegen Monilia Anwendung. Kupfer wird auch im Weinbau 0,3 %ig gegen Falschen Mehltau eingesetzt.

Die meisten Kupferpräparate enthalten 18 bis 50 % Reinkupfer. Im biologischen Landbau sind Höchstwerte für den jährlichen Kupfereinsatz vorgeschrieben und auch streng einzuhalten.

Weitere Pflanzenpflegemittel, Pflanzenhilfsmittel und Pflanzenschutzprodukte

Niedrige Temperaturen und feuchtes Wetter bei der Ausbringung wirken sich negativ aus. Gebrauchsanweisungen immer genau durchlesen. Es ist allenfalls günstig, die niedrigere Dosierung zu wählen. Kupferpräparate wirken sich, intensiv eingesetzt, sehr nachteilig auf die Bodenorganismen aus. Es wird daher überlegt, Kupfer überhaupt im Biolandbau zu verbieten.

Behandlungen mit Kupferprodukten sind im Hausgarten nicht notwendig, außerdem schädigen sie Regenwürmer, die wichtigsten Bewohner des Bodens.

Kupfermangel im Boden und seine Folgen: Mangel entsteht durch leicht lösliche Stickstoffdünger (Kunstdünger, Jauche, Gülle), weil diese mit dem Ammonium-Ion im Boden Kupfermangel erzeugen. Die negativen Folgen sind: Sterilität bei den Zuchttieren, Knochenbrüche sowie Lähmungserscheinungen.

Lehmbrei

1 Teil Lehm, 1 Teil gelöschter Kalk (oder Algenkalk bzw. Gesteinsmehl) und 1 Teil frische, feste Kuhfladen plus warmer Schachtelhalmbrühe zu einem sämigen Brei verrühren. Das Ganze mindestens zwölf Stunden ruhen lassen, um ein späteres Aufplatzen des Anstriches am Baum zu verhindern. Der so hergestellte Lehmbrei wird bei trockenem Wetter auf die Stämme aufgetragen. Diese Stammanstriche verhindern im Frühjahr einen zu schnellen Austrieb und damit Frostschäden an Rinden. Auch die Moos- und Flechtenbildung wird gehemmt. Durch diesen Anstrich wird der Stamm mit wichtigen Nährstoffen versorgt, welche auch das Zellwachstum fördern.

Der Anstrich sollte im November und im Februar an frostfreien Tagen aufgebracht werden. Anstelle von Schachtelhalmbrühe kann man auch Wermut- oder Rainfarnbrühe einsetzen. Die Zugabe von Stein- oder Algenmehl und Holzasche ist möglich. Der Rindenanstrich ist im Handel auch als Fertigprodukt erhältlich. Die Produkte müssen lediglich mit Wasser angerührt werden.

Weitere Pflanzenpflegemittel, Pflanzenhilfsmittel und Pflanzenschutzprodukte

Leimringe

Das Ausbringen von Leimringen an Obstbaumstämmen ist ein bewährtes Verfahren, um dem Kahlfraß durch die Raupen des Frostspanners vorzubeugen. Die Leimringe werden Anfang Oktober am Stamm befestigt. Spätestens Anfang März sollten sie jedoch wieder entfernt werden. Leimringe öfter kontrollieren, Insekten entfernen. Es gibt Fertigprodukte, man kann aber auch den benötigten Leim kaufen und die Ringe selbst herstellen. Leimringe bzw. der Leim sollte immer grün sein, da weiße Leimringe auch Nützlinge anziehen. Bei älteren Bäumen kann man den Raupenleim auch direkt auf die Rinde streichen.

Magermilch

1 Liter Magermilch plus 9 Liter Wasser gegen Virusbefall im Tomatenanbau anwenden. 1:1 verdünnt zur Stärkung einmal wöchentlich die ganze Pflanze überbrausen. Wichtig ist, dass die Spritzung am Vormittag erfolgt und nicht am Abend, da bei einer Abendspritzung die Pflanze zu lange feucht bleibt und dadurch für die Keimung von Pilzsporen eine günstige Entwicklung schafft. Magermilch, 1:10 verdünnt einmal pro Woche aufgebracht, kann die gefürchtete Kräuselkrankheit erfolgreich abwenden. 1:5 verdünnt gegen Asternwelke und Salatbräune; Setzlinge angießen.

Magermilchmolke

Zur Regulierung von Echtem Mehltau in Weinkulturen ist der Einsatz von Molke 1:3 verdünnt sinnvoll (Peter Crisp, *Universität Adelaide*, Australien). Es sind keine negativen Begleiterscheinungen auf Trauben bzw. Wein zu befürchten. Molke, mit Regenwasser 1:1 verdünnt, wirkt besonders gut gegen Pilzkrankheiten bei Tomaten, mindestens wöchentlich wiederholen. Molke, 1:10 oder 1:20 verdünnt, wird im Obstbau erfolgreich als Fungizid eingesetzt (Lutzenberger). Eine Behandlung sollte alle zwei Wochen erfolgen.

Weitere Pflanzenpflegemittel, Pflanzenhilfsmittel und Pflanzenschutzprodukte

Gegen den lästigen Maulwurf kann folgende Vorgehensweise empfohlen werden: 1 Teil Wasser und 3 Teile Molke mischen und ca. ¼ Liter von dieser Mixtur in die Gänge schütten und diese wieder schließen. Ein anderes Rezept: 3 Teile Molke und 1 Teil Buttermilch mischen und in den Maulwurfgang gießen. Günstig für beide Anwendungsmöglichkeiten: Die angesetzte Mixtur einige Tage warm stellen (fördert die Geruchsentwicklung).

Milch

Die positiven Wirkungen gehen nur von frischer, wenn möglich unpasteurisierter Milch aus. Haltbarmilch ist als Pflanzenpflegemittel nicht geeignet. Was Milben (Rote Spinne) angeht, gibt es gute Erfahrungen, wenn man Milch 1 : 10 bis 1 : 20 verdünnt im Obstbau anwendet (Lutzenberger). Diese Mittel stimulieren den Eiweißaufbau. Milch wirkt besonders durch das Natriumphosphat pflanzenstärkend.

Milch, in einer Konzentration von 1 : 10 verdünnt, kann erfolgreich gegen Echten Mehltau im Weinbau eingesetzt werden. Die Spritzbrühe hat keine negativen Auswirkungen auf die Qualität des Weines (Peter Crisp, *Universität Adelaide*). 1 : 5 verdünnt ergibt sie eine bewährte Spritzlösung gegen Pilzkrankheiten, z.B. Braunfäule bei Tomaten, Kartoffeln (einmal wöchentlich behandeln); morgens an sonnigen Tagen, nicht abends sprühen (Blätter sollen trocken in die Nacht gehen). Bei einer Abendspritzung bleibt die Pflanze zu lange feucht, dies begünstigt die Pilzsporenbildung. Vollmilch mit Gießwasser im Verhältnis 1 : 3 mischen. Dadurch entsteht ein idealer Fertigdünger für Rosenstöcke und Farne sowie für Tomaten im Gemüsebeet (ein bis zwei Spritzungen pro Monat). 1 : 9 verdünnt sehr gut einsetzbar gegen Echten Mehltau bei Rosen. Milchspritzungen sind je nach Befallsdruck in einigen Tagen oder Wochen zu wiederholen.

Mineralische Öle

Mineralische Öle werden im biologischen Landbau für die Winterspritzung der Obstbäume eingesetzt. Mineralöl-Emulsionsmittel zerstören die vor Nässe und Verdunstung schützende Wachsschicht auf der Insektenhaut oder verstopfen die Atmungsorgane. Es dürfen nur reine Mineralöle auf Paraffinöl-Basis ohne synthetische Insektizide verwendet werden. Paraffinöl-Präparate wirken z.b. gegen Obstbaumspinnmilbe, Kräusel- und Pockenmilbe sowie Schildläuse (überwinternde Stadien). Eine zu intensive Anwendung kann zu Flecken und zu einer Geschmacksbeeinflussung der Früchte führen. Immer die Gebrauchsanleitung genau beachten!

Die Mineralöle sind ungiftig, aber sehr wirksam. Der große Nachteil ist jedoch, dass sie auch das ökologische Gleichgewicht sehr nachteilig beeinflussen. So können Nützlinge, die sich ebenfalls über Winter in Rindenritzen zurückgezogen haben, getötet werden. Das sollte ein Gärtner, der die Natur liebt, bedenken.

Natriumhydrogencarbonat (Speisenatron, Backsoda)

Natron kann als Fungizid in schwacher Dosierung gegen Echten Mehltau z.B. bei Gurken, Kürbis, Goldmelisse, Sternrußtau erfolgreich eingesetzt werden. Natron tötet Pilze nicht, sondern wirkt durch den hohen pH-Wert auf die Entstehung dieser. Zur rascheren Auflösung des Natrons ist warmes Wasser vorteilhaft.

DOSIERUNG PRO LITER SPRITZBRÜHE

Gemüse: 0,3–1 % Natriumhydrogencarbonat und ca. 5 ml Rapsöl
Obstbau: 0,3–1 % Natriumhydrogencarbonat und 5–10 ml Rapsöl
Weinbau: 0,4–2 % Natriumhydrogencarbonat und 5–10 ml Rapsöl
Zierpflanzen: 0,3–1 % Natriumhydrogencarbonat und 5–10 ml Rapsöl

Neudovital

Dieses Mittel enthält natürliche Fettsäuren, Pflanzenextrakte und Spurenelemente. In Praxisversuchen (LVA-Auweiler) zeigte Neudovital gute Wirkung gegen Falschen Mehltau an Gurken. Die Entwicklung von Alternaria an Chinakohl wurde verlangsamt, ebenso der Rostbefall an Schnittlauch. Ein Einsatz gegen Obstschorf und Kräuselkrankheit ist möglich. Neudovital nicht bei blühenden Zierpflanzen einsetzen (Blattverfärbung möglich).

Weitere Pflanzenpflegemittel, Pflanzenhilfsmittel und Pflanzenschutzprodukte

Olivenöl

0,5 bis 1 % mit Wasser verdünnen, zusätzlich zum Benetzen etwas Spülmittel hinzugeben, einmal wöchentlich Rosenstöcke tropfnass behandeln. Maiskeimöl ist nicht geeignet, zu große Gefahr von Blattverbrennungen! Diese Mischung kann sehr erfolgreich gegen Mehltau an Rosen eingesetzt werden.

Gegen Rosenrost kann folgendes Rezept empfohlen werden: 4 Liter Wasser werden mit 2 Esslöffel Olivenöl, je 1 Esslöffel Backpulver und Spülmittel gut verrührt. Beim Ausbringen ist unbedingt darauf zu achten, dass auch die Unterseite der Rosenblätter gut benetzt wird. Spritzungen alle ein bis zwei Wochen je nach Infektionsdruck wiederholen. Immer tropfnass behandeln.

Orangenschalen

Man verwendet ca. 1 kg Orangenschalen auf 10 Liter Wasser und lässt diese ca. 14 Tage stehen, öfteres Umrühren fördert die Umsetzung positiv. Diese Jauche ist in vielen praktischen Versuchen erfolgreich gegen Ameisen eingesetzt worden; und zwar verwendet man etwa ½ Liter Orangenschalenjauche je störenden Ameisenbau. Die Ameisen verlassen nicht gleich den Bau, bis zum Verlassen dauert es einige Tage.

Pyrethrumprodukte

Geeignet für die Bekämpfung saugender und beißender Insekten. Pyrethrin wird aus getrockneten Blüten wild wachsender afrikanischer Chrysanthemenarten gewonnen. Pyrethrumwirkstoffe, die sog. Pyrethrine, sind Nerven- und Kontaktgifte. Sie sind Vollinsektizide, d.h. sie töten alle Insekten, egal ob Schädling oder Nützling. Pyrethrumpräparate sind universelle Insektentötungsmittel, sie wirken ähnlich wie hochwirksame chemische Produkte. Sie stellen im Biolandbau die gefährlichsten Mittel dar.

Ihr Vorzug besteht darin, dass sie aus Pflanzen gewonnen werden, ihre Giftwirkung für Mensch und andere Warmblütler sehr gering ist und dass sie sich

Weitere Pflanzenpflegemittel, Pflanzenhilfsmittel und Pflanzenschutzprodukte

unter Einwirkung von Licht sehr schnell abbauen und dadurch die Wartezeiten gering sind. Versuche, die Pflanzen, auch wenn es die gleichen Gebiete waren, gärtnerisch anzubauen, führten bisher zu Fehlschlägen (sehr geringer Wirkstoffanteil). Es ist daher, falls ein Einsatz notwendig erscheint, sinnvoll, nur punktuelle Besprühung der Hauptbefallsstellen vorzunehmen! Einsatzmöglichkeiten gegen Blattläuse, Kohldrehherzmücke, Blattsauger, Frostspanner, blattfressende Raupen, Thripse usw.

Die Verwendung von 40 °C warmem Wasser erhöht die Wirkung der Pyrethrummittel, vor allem bei kühler Witterung. Da der Wirkstoff durch Licht abgebaut wird, ist das Mittel nur im Freiland einsetzbar. Zu den aus dem Naturpyrethrum hergestellten Spritzmitteln zählen z.B. Spruzit Neu oder Schädlingsfrei Parexan. Von synthetisch hergestellten Pyrethrinen soll man unbedingt Abstand nehmen, da diese scheinbar in den Folgewirkungen noch gefährlicher sind.

Quassia/Seifenbrühe

Quassia stammt von einem kleinen, staudig wachsenden, tropischen Baum. Sein Holz wird auch als Surisam-Bittersalz bezeichnet.

Quassia-Späne: 250 g über Nacht in 2 Liter Wasser einweichen und am Morgen 20 bis 30 Minuten kochen, seihen, danach mit 20 Liter Wasser verdünnen, 300 g Schmierseife dazugeben. Das Bitterholz kann nach dem Kochen wieder getrocknet werden und ist zwei- bis dreimal weiter verwendbar.

Gegen Ungeziefer (Läuse, Kirschfruchtfliege etc.) aller Art (wirkt als Magen- und Ätzgift). Mehrmalige Behandlungen sind notwendig. Sehr gute Wirkung auch gegen Apfel- und Pflaumensägewespen (Flugzeit von April bis Mai), kurz nachdem frisch geschlüpfte Larven vorhanden sind.

Weitere Pflanzenpflegemittel, Pflanzenhilfsmittel und Pflanzenschutzprodukte

Rainfarn

Vor frischem oder getrocknetem Rainfarn nehmen Ameisen Reißaus (einige Stängel in die Nester stecken).

Rapsöl

Rapsöl wirkt milder als reine Mineralöle. Durch den Einsatz von Rapsöl ist eine Teilwirkung gegen Spinnmilben, Schildläuse, Weiße Fliege und Blattläuse gegeben. Die Konzentration beträgt maximal 2 %. Die Spritzung ist nach 5 bis 7 Tagen zu wiederholen.

Rapsöl ist nur zur Bekämpfung saugender Insekten geeignet. Die Öle bewirken Luftabschluss, die Schädlinge ersticken. Der Ölfilm kann die Blattporen verstopfen. Die Pflanze könnte »ersticken«, Konzentration daher immer einhalten! Ab 25 °C können Pflanzenschäden auftreten, bei Temperaturen unter 10 °C lässt die Wirkung stark nach.

Rinderharn/Rinderjauche

Diese Dünger zählten früher zu den wichtigsten im Hausgarten. Für Hobbygärtner stehen sie heute jedoch kaum zur Verfügung. 1 : 10 verdünnt als Fungizid im Erdbeeranbau sehr gut einsetzbar (Lutzenberger). 1 : 5 verdünnt: hervorragender Dünger für Rosen und andere nährstoffliebende Pflanzen.

Ringelblume

Hat man im Hausgarten Probleme mit Nematoden, so ist es sinnvoll, dort Ringelblumen zu pflanzen, da dadurch der Nematodenbefall stark reduziert wird. Es gibt eine große Anzahl verschiedener Nematoden-Arten. An Gemüsepflanzen schädigen vor allem wurzelparasitäre Nematoden (z.B. Wurzelbärte an Karotten).

Weitere Pflanzenpflegemittel, Pflanzenhilfsmittel und Pflanzenschutzprodukte

Salatöl

Bereits von Schildläusen geschädigte Pflanzen (häufig Kübelpflanzen im Winter) pinselt man mit Salatöl ein oder besprüht sie mit einem Pflegemittel auf Ölbasis (z.b. Naturen). Nach einer Woche wiederholen.

Schmierseifenlösung

Seifenpräparate wirken ähnlich wie Mineralöle, das heißt sie haben eine gute Wirkung gegen saugende Insekten. 150 bis 300 g Schmierseife in 10 Liter heißem Wasser auflösen.

Gute Wirkung gegen Läuse mit Wachsüberzug (z.b. Mehlige Kohlblattlaus, Mehlige Pflaumenlaus), der Wachsüberzug wird angegriffen. Bei Einsatz von Seifenpräparaten auf vollständige Benetzung der Pflanze achten, Blattläuse müssen getroffen werden. Mittel sollen mindestens zehn Minuten feucht auf der Pflanze sein! Zwei- bis dreimal im Abstand von fünf bis sieben Tagen tropfnass spritzen! Einsatz von weichem und kaltem Wasser erhöht den Wirkungsgrad. Gute Wirkung gegen Blattläuse und Spinnmilben. Unter 5 °C haben Kaliseifen keine Wirkung. Behandlung von »gestressten« Pflanzen und Anwendung bei starker Sonneneinstrahlung können zu Verbrennungen führen. Nützlinge sind durch die Anwendung dieser Schmierseifenlösung ebenfalls gefährdet. Zu hohe Konzentration fördert die Berostung, daher 1,5 bis 3 % nicht überschreiten!

Schmierseife/Spiritus-Lösung

100 g Schmierseife in heißem Wasser auflösen; auf 10 Liter mit kaltem Wasser auffüllen und ¼ Liter Brennspiritus zugeben, unverdünnt spritzen. Gegen Spinnmilben und Blattläuse einsetzbar. Diese Kombination wirkt besser als die einfache, wässrige Seifenlösung. Gute Wirkung auch gegen Schild-, Woll- und Blutlaus.

Weitere Pflanzenpflegemittel, Pflanzenhilfsmittel und Pflanzenschutzprodukte

Schwarzer Tee

Eher für Zier- und Zimmerpflanzen geeignet, direkt auf läusebefallene Pflanzen (Herztod) unverdünnt gießen oder besprühen; ist auch ein wunderbarer Dünger für Farne.

Schwefel

Schwefel ist den Menschen seit frühen Zeiten bekannt. Der Einsatz des Schwefels in der Medizin und auch im Pflanzenschutz reicht Jahrhunderte zurück. Im Pflanzenschutz wird der Schwefel nur in Form von Netzschwefel benutzt. Es handelt sich dabei um ein sehr fein vermahlenes Pulver mit Netzmittelzusatz, das sich besonders gut in Wasser lösen lässt. Netzschwefel wirkt als Kontaktfungizid und ist auch im biologischen Landbau einsetzbar. Hier wird er vor allem zur vorbeugenden Regulierung von Schorf und Echtem Mehltau verwendet. Temperaturen unter 10 °C lassen kaum eine Wirkung erkennen, bei Temperaturen über 25 °C darf Netzschwefel nicht ausgebracht werden.

Schwefel wirkt in der Pilzbekämpfung vorbeugend, d. h. die Pflanzen müssen vor einer möglichen Pilzinfektion (wetterabhängig) mit einem Spritzbelag versehen werden. Die Mittel töten die Keimschläuche der Pilzsporen ab oder bewirken, dass diese nicht in die Pflanze eindringen können. Hohe Niederschläge (über 15 Liter pro m^2) waschen den Spritzbelag ab, eine erneute Behandlung ist erforderlich. Vorblütenspritzungen im Obstbau 0,5 %ig, nach der Blüte höchstens 0,3 %ig. Die Wirkungsdauer beträgt sechs bis zehn Tage, nach starkem Regen oder Blattzuwachs Spritzbelag erneuern! Wird auch vorbeugend gegen Monilia verwendet. Schwefel erhöht die Widerstandskraft gegen Sonnenbrand.

Anwendung findet Schwefel auch im Gemüsebau gegen Echte Mehltaupilze und Spinnmilben sowie an Stachelbeeren als Vorbeugung gegen Amerikanischen Mehltau und Spinnmilben.

Netzschwefel findet auch Einsatz im Weinbau gegen Echten Mehltau sowie Kräusel- und Pockenmilben. Die Aufwandsmenge sollte 0,6 % vor der Blüte und 0,2 % nach der Blüte nicht übersteigen.

SCHWEFEL | SCHWEFELBLÜTE | SCHWEFELKALK | SCHWEFELLEBER

Weitere Pflanzenpflegemittel, Pflanzenhilfsmittel und Pflanzenschutzprodukte

Schwefel ist nützlingsschädigend, betroffen sind Marienkäfer, Raubmilben, Raubwanzen und Schlupfwespen Encarsia Formosa. Bienen sind nicht gefährdet. Bei Milbenbefall im Vorjahr empfiehlt sich bei Knospenaufbruch eine Behandlung mit einer Mischung von 1 % Schwefel, 1,25 % Wasserglas und 2 % Kaliseife. Spritzung nach zehn Tagen wiederholen.

Schwefelblüte

Gegen Wühlmäuse in Gänge legen, wirkt auch auf Hunde abweisend.

Schwefelkalk

Schwefelkalk ist ein traditionelles Pflanzenschutzmittel. Es wird im ökologischen Landbau vor allem gegen Schorf und Mehltau verwendet. Wichtig ist die Verhütung von Infektionen ab dem Austrieb bis Mitte Juli. Nässe und feuchte Witterung erhöhen den Infektionsdruck. Der Apfelschorfpilz stellt im Kernobstbau den wirtschaftlich bedeutendsten Krankheitserreger dar. Die frühen Infektionen können zu einem vorzeitigen Frucht- und Blattverlust führen. Eine späte Infektion beeinträchtigt die Markt- und Lagerfähigkeit der Früchte. Versuche haben gezeigt, dass der Einsatz von Schwefelkalk während der Blüte einen negativen Einfluss auf die Befruchtung der Blüten haben kann. Schwefelkalk besitzt auch noch bei niedrigen Temperaturen eine gute Schorfwirkung.

Die gezielte Behandlung mit Schwefelkalk (Applikation auf das nasse Blatt, kurz vor einer Infektion) führt vom Infektionsdruck zu einer besseren Schorfwirkung gegenüber der vorbeugenden Bekämpfungsstrategie. Aufgrund der Gefahr von Spritzflecken, die Schwefelkalk auf den Früchten verursacht, wird eine Anwendung nur bis Ende Juni, maximal Mitte Juli empfohlen.

Schwefelleber

Ein Schwefelprodukt, bestehend aus Kaliumkarbonat und Schwefel. Die Dosierung ist gleich dem Netzschwefel. Die Behandlung wirkt jedoch weniger blütestörend.

Weitere Pflanzenpflegemittel, Pflanzenhilfsmittel und Pflanzenschutzprodukte

Schwefelleber wird gerne gegen die Kräuselkrankheit bei Pfirsich eingesetzt, ab Austrieb alle acht bis 14 Tage behandeln.

Wirksam auch gegen Oidium im Weinbau, Schrotschusskrankheit (Spritzungen ab dem Austrieb) und Schorf (alle acht bis 14 Tage vor und nach der Blüte spritzen). 20 bis 40 g Schwefelleber werden in 10 Liter Wasser aufgelöst und unverdünnt aufgebracht. Wird Seife als Haftmittel beigegeben, nur 20 g auf 10 Liter Wasser nehmen. Als Winterspritzung auf die Pflanzen, unverdünnt gegen pilzliche Krankheiten, aber nicht bei praller Sonne aufbringen!

Sonnenhut

Sonnenhut ist das ideale Mittel, um die körpereigenen Abwehrkräfte zu steigern. Die Ureinwohner Amerikas verwendeten den Sonnenhut gegen Schlangenbisse, Fieber und schlecht heilende Wunden. Diese Pflanze ist nicht nur sehr schön, sondern wirkt auch gegen Nematoden und kann daher auf nematodenverseuchten Flächen als »Reinigungskur« eingesetzt werden, indem man sie dort pflanzt.

Spiritus

Im Pflanzenschutz wird häufig Brennspiritus eingesetzt. Der Spiritus hat dabei die Funktion, die Wachsschicht, mit der sich sehr viele Insekten schützen, zu lösen, um sie so für die anderen Wirkstoffe besser angreifbar zu machen. Brennspiritus wird in Mengen von 1 % bis maximal 3 % der Spritzbrühe zur Läusebekämpfung (besonders Schildlaus, Wolllaus und Blutlaus) zugegeben.

Streichhölzer

Schwefelhaltige Streichhölzer mit dem Kopf nach unten möglichst dicht neben den Pflanzen in die Erde stecken, nur für Zierpflanzen im Haus gegen Blattlausbefall geeignet.

Weitere Pflanzenpflegemittel, Pflanzenhilfsmittel und Pflanzenschutzprodukte

Tagetes (Studentenblume)

Tagetes eignen sich bestens zur Reinigung von mit Nematoden verseuchten Flächen. Wirkung durch Geruch, Zwischenpflanzung gegen Weiße Fliegen im Glashaus/Freiland. Tagetes als Mischkultur zwischen Kartoffelreihen hat eine gute, abweisende Wirkung gegen Kartoffelkäferbefall. Tagetes sind auch ein natürlicher Schutz vor Kohlschädlingen im Garten. Die sonnengelbe Tagetes ist auch läuseabweisend.

Tomatenblätter

Diese können im Garten sehr erfolgreich gegen vom Erdfloh befallene Pflanzen eingesetzt werden, indem man Tomatenblätter bzw. Geiztriebe in die Reihen von gefährdeten Pflanzen legt bzw. diese damit mulcht. Auch die Ameisen verlassen jenes Revier, auf welchem Tomatenblättermulch vorhanden ist. Gute Wirkung auch gegen Kohlfliegen und Kohlweißlinge.

Tomatenpflanzen

Es ist sinnvoll, die Tomatenpflanzen in Mischkultur zu Kohlgewächsen zu pflanzen, um eine bestimmte Abwehr gegen den gefürchteten Kohlweißling zu erreichen.

Urin

In alten Gartenbüchern wurde der Einsatz von Urin im Garten und die positive Wirkung auf das Wachstum hervorgehoben. Urin enthält neben großen Mengen an Stickstoff auch Phosphor und Kali. Früher nannte man den Urin den »Dünger der Gärtner«. Unsere Abneigung gegenüber allem »Unhygienischen« ließ diese Praxis jedoch nach und nach verschwinden. In den letzten Jahren wurde Urin als äußerst wertvoller Dünger wieder vermehrt eingesetzt. Der gesammelte Urin (meist Morgenurin) wird 1 : 9 mit Wasser verdünnt; er wird auch als Goldwasser bezeichnet. Die Ausbringung erfolgt direkt zu den Pflanzen (jedoch nicht kurz vor der Ernte) oder auf gemulchtem Boden.

Weitere Pflanzenpflegemittel, Pflanzenhilfsmittel und Pflanzenschutzprodukte

Wasserglas

Natrium- oder Kaliumwasserglas ist wegen des hohen Siliziumgehaltes eines der häufigst verwendeten Pflanzenstärkungsmittel im Bio-Weinbau. Kaliumwasserglas hat auch eine austrocknende Wirkung und reduziert die Sporenbildung von Pilzen. Die Wirkung ist ähnlich wie der von alkalischen Gesteinsmehlen. Kaliwasserglas ist auch günstig als Haftmittel, 0,5 %, und es muss immer als erste Komponente hineingegeben werden.

Wasserglas ist eine stark kieselsäurehaltige, basisch wirkende Flüssigkeit und kann im Obst- und Weinbau (Echter Mehltau) problemlos eingesetzt werden. Es gibt Kali- und Natriumwasserglas. Kaliwasserglas ist etwas pflanzenverträglicher. Im Gemüsebau eher nicht verwenden, da der Spritzbelag an Früchten lange haftet. Wasserglas ist zwar gesundheitlich unbedenklich, beeinflusst jedoch den Geschmack. Die Konzentration im Gemüsebau z.B. gegen Pilzkrankheiten bei Tomaten beträgt 1 bis 2 %.

Wasserglas wird 1- bis 2 %ig gegen die Kräuselkrankheit eingesetzt. Spritzungen sollen vor und während des Knospenaufbruches erfolgen. Die positive Wirkung wird durch die Zugabe von 0,1 % Kupfer erhöht.

Ferner ist Wasserglas auch gegen Monilia 1,5- bis 2 %ig einsetzbar. Die Behandlung muss zu Beginn der Blüte erfolgen und darf nicht bei Sonnenschein sowie in der Blüte stattfinden. Die Ergebnisse sind leider nicht immer zufriedenstellend. Behälter und Spritzdüse muss man nach Gebrauch unbedingt rasch mit klarem Wasser reinigen. Wasserglas trocknet sehr schnell und kann dann nicht mehr entfernt werden.

Wolfsmilch (kreuzblättrige)

Sie bevorzugt einen sonnigen Standort und stellt an den Boden keine besonderen Ansprüche. Dieses Gewächs hilft im Garten wegen seiner abweisenden Wirkung (Radius 3 bis 5 Meter) gegen Wühlmäuse und Maulwürfe. Wolfsmilch ist durch Schnecken nicht gefährdet.

Weitere Pflanzenpflegemittel, Pflanzenhilfsmittel und Pflanzenschutzprodukte

Zuckerlösung

10 bis 50 g Zucker je Liter Wasser, zu Blütenbeginn und zu Ende der Blütezeit; hilft gegen Grauschimmel an Erdbeerfrüchten und ist auch nützlingsfördernd.

Zucker/Bittersalz/Kupfer-Mischung

1 % Zucker, 1 % Bittersalz und 0,3 % Grünkupfer im Wasser auflösen und einsetzen. Es ist jedoch unbedingt notwendig, vor Befallsbeginn mit den Spritzungen zu beginnen und diese wöchentlich zu wiederholen. Wirkt gegen Pilzkrankheiten, besonders gegen den Falschen Gurkenmehltau. Wirksam gegen das Braunwerden der Nadeln und anderer Mangelerscheinungen an Nadel- und Immergrüngehölzen.

Zwiebelpflanzen

Zwiebelgewächse werden zwischen Erdbeer- und Möhrenreihen gepflanzt, wirken gegen Erdbeerspinnmilben und Möhrenfliegen.

Da es immer wieder zu Änderungen über den Einsatz von Pflanzenschutzmitteln- und pflegemitteln kommen kann, ist folgender Ratschlag sinnvoll: Gärtner und Landwirte, die nach biologischen Richtlinien arbeiten, sollten bei Unklarheiten vor dem Kauf oder dem Einsatz von Mitteln Rücksprache mit der Biokontrollstelle halten.

BEISPIELE AUS DER PRAXIS

263 Weitere Pflanzenpflegemittel, Pflanzenhilfsmittel und Pflanzenschutzprodukte

OBEN
Zuckermaispflanze durch Drahtwurmfraß vernichtet.

UNTEN
Kartoffelhälften als Lockmittel eingesetzt.

Saatgut-beizungen

Saatgutbeizungen

Nur aus gesundem Saatgut können sich gesunde, konkurrenzkräftige Pflanzen entwickeln. Schon vor 2.000 Jahren badeten römische Gärtner die Samen von Gurken, Kürbis und Melonen in Molke oder Milch. Grund dafür war, die Keimfähigkeit zu verbessern und Krankheiten verschiedenster Art vorzubeugen. Saatbäder sind also als Gesundheitselixier anzusehen. Saatgutbäder sollen stets handwarm angesetzt werden.

Eine gute Möglichkeit giftfreien Beizens bieten Saatgutbäder. Sie sind für Saatgut und Pflanzensetzlinge gut einsetzbar und schützen vor Schädlings- und Pilzbefall. Ein Saatgutbad wirkt intensiv auf das Samenkorn ein, fördert die Keimung und stärkt die Jugendentwicklung. Hat man kleine Saatgutmengen, kann man die Samen in Tonschalen oder flache Teller geben und anschließend mit der vorbehandelten Flüssigkeit übergießen.

Werden größere Saatgutmengen behandelt, so ist es günstig, diese in ein Leinensäckchen zu geben und anschließend in die vorgefertigte Saatgutbeize zu legen bzw. zu hängen. Nach dem Beizvorgang das Saatgut auf saugfähigem Material zum Trocknen auflegen und noch am selben Tag auslegen. Ist dies nicht möglich, maximal zwei Tage lagern, da sonst die Keimfähigkeit zu stark leidet.

Ackerschachtelhalmbeize

Fördert besonders die Widerstandskraft gegen pilzliche Schadorganismen. Der Ackerschachtelhalm ist reich an Kieselsäure. Für 1 Liter Wasser benötigt man 50 g trockenen Schachtelhalm, ungefähr 24 Stunden stehen lassen, dann aufkochen und ca. eine halbe Stunde köcheln lassen, danach abkühlen. Im Schachtelhalmbad fühlen sich Tomaten, Gurken, Zinnien, Rittersporn und Ringelblumen besonders wohl. Als Vorbeugung gegen Kohlhernie kann man Chinakohlsetzlinge in ein Wurzelbad aus Schachtelhalmbrühe

Saatgutbeizungen

RECHTS
Die meisten Pflanzensetzlinge sind dankbar für ein kurzes Ackerschachtelhalmbad.

und Lehm tauchen. Pflanzkartoffeln ca. eine halbe Stunde einlegen, danach Gesteinsmehl draufstreuen und auslegen. Dadurch Steigerung der Widerstandskraft gegen Pilzkrankheiten.

Algenbeize

Angeblich verbessern Algenpräparate die Keimung von Saatgut und die Wurzelbildung von Stecklingen. Vorgangsweise: 5 %ige Algenbrühe leicht erwärmen, Saatgut ca. eine halbe Stunde in ein solches Bad einlegen, anschließend trocknen und danach unmittelbar aussäen. Es ist auch möglich, eine Mischung aus Gesteins- und Algenmehl in das Pflanzloch bzw. die Saatrillen zu streuen. Man kann aber auch Stecklinge, Zwiebeln und Knollen damit einpudern. Bei Stecklingen erfolgt die Anwendung abends oder morgens auf noch tau- oder regenfeuchten Pflanzen. Dadurch ist die Haftung sehr gut.

Saatgutbeizungen

Baldrianbeize

Für die Beize nimmt man 10 Tropfen Baldrianextrakt auf 1 Liter abgekochtes Wasser. Das handwarme Wasser muss ca. 15 Minuten gut mit dem Extrakt verquirlt werden. Ein Baldrianbad, ca. 30 Minuten, fördert insbesondere die Fruchtbildung bei Tomaten. Kürbisgewächse reagieren auf diese Beize mit besonders kräftigem Wachstum. Zwiebeln, Lauch und Paprika sind ebenfalls für das Baldrianbad dankbar.

Brennnesselbad

Es bewährt sich, die Wurzeln von Setzlingen und Pflanzen beim Versetzen in stark verdünnte Brennnesseljauche 1 : 10 zu tauchen. Bei Setzlingen mit langen Wurzeln, diese vorher mit einem scharfen Messer kürzen, danach kurz in das Bad eintauchen und umgehend einsetzen.

Auch das Angießen mit diesen Flüssigkeiten in den Setzlöchern fördert rasches Jugendwachstum. Lehmwasser eignet sich ebenfalls für Wurzelbäder.

Kamillentee

Die pilz- und fäulnishemmende Wirkung der Kamille kann wie folgt umgesetzt werden: Man kocht einen normalen Kamillentee, lässt ihn ca. 24 Stunden zugedeckt stehen. Es sollen nur ganze, getrocknete Kamillenblüten und keine Teebeutel verwendet werden. Grobkörnige Samen wie Bohnen oder Erbsen darf man zum Vorquellen maximal ein bis zwei Stunden eingetaucht lassen, anschließend muss das so behandelte Saatgut sofort in den Boden. Radieschen, Rettiche und Sellerie brauchen nur ein kurzes Kamillenbad (15 bis 30 Minuten), danach soll das Saatgut umgehend in den Boden kommen. Länger als zwei Tage darf man mit der Aussaat nicht zuwarten.

Saatgutbeizungen

KNOBLAUCHBEIZE | KRENBEIZE

RECHTS
Ein Kamillenbad fördert die Keimung und hat auch pilzhemmende Wirkung.

Knoblauchbeize

Man benötigt für einen Liter Wasser ca. 100 g frischen, fein gehackten Knoblauch. Diese Beize ca. eine Stunde ziehen lassen. Wird Knoblauch nur grob zerkleinert, ist die Auszugszeit wesentlich länger. Diese Beize eignet sich besonders zur Vorbeugung von Krautfäule an Tomaten, aber auch Gurken, Rittersporn und Zinnien fühlen sich besonders wohl in einem Knoblauchbad. Samen von Schmetterlingsblütlern und Kohlgewächsen behagt diese Kur nicht.

Krenbeize (Meerrettich)

100–150 g frische Krenwurzeln klein hacken und 24 Stunden in 1 Liter handwarmes, abgekochtes Wasser oder Regenwasser geben und mehrmals umrühren. Danach Saatgut ca. 30 Minuten in den Kaltwasserauszug hängen, anschließend Saatgut sofort verwenden. Junge Setzlinge taucht man ebenfalls kurz in diesen Auszug.

Saatgutbeizungen

Diese Beize ist besonders geeignet für Saatgut und Pflanzen, die häufig von Pilzkrankheiten befallen werden.

Milchbeize

Das Saatgut in lauwarme Milch (keine Haltbarmilch) ca. 24 Stunden lang einlegen. Wirkt sich besonders positiv als Keimhilfe für Erbsen, Bohnen, Gurken, Zucchini und Kürbis aus. Nach dem Beizvorgang rasch in möglichst warme Erde säen. Als Keimhilfe für Erbsen, Bohnen und Gurken, Saatgut einen halben Tag lang in Magermilch einlegen und anschließend aussäen.

Warmwasserbehandlung (Heißwasserbeizung)

Generell gewinnt die Heißwasserbehandlung seit Ende der 1980er-Jahre wieder zunehmend an Bedeutung. Dies ist sicher auf das Wachsen des ökologischen Landbaues zurückzuführen. Die Heißwasserbeizung dient zur Vorbeugung gegen Schädlingsbefall und Pilzkrankheiten sowie zur Förderung der Keimung. Die Schädlinge sollten direkt getroffen werden. Das Saatgut 30 Minuten in 50 °C heißes Wasser (Thermometer verwenden) legen. Günstig für Sellerie, Kohl, Gurken, Kürbis, Zucchini, Petersilie, Feldsalat, Möhren, Erbsen und Bohnen. Behandeltes Saatgut sofort aussäen!

Eine Erhöhung der Temperatur auf bis zu 53 °C hat eine vergleichbare, in der Regel höhere Wirkung vor allem gegen Phoma- und Septoria-Arten, kann jedoch bei Behandlungszeiten von mehr als 10 Minuten zu signifikanten Keimbeeinträchtigungen führen.

Einsetzbar auch für Blumenzwiebeln und Knollen, wie Tulpen, Narzissen, Gladiolen und Lilien. Die Warmwasserbehandlung erhöht die Keimkraft, fördert die Blühwilligkeit und hilft gegen Pilzkrankheiten und Nematoden.

Kaltwasserspritzungen

Diese werden schon lange eingesetzt. Bei Blattläusen kann man befallene Pflanzenteile mit einem starken Strahl kalten Wassers von diesen befreien.

RECHTS
In einem Naturgarten fühlen sich auch Zauneidechsen wohl. Sie ernähren sich mit Vorliebe von Nacktschnecken, Raupen und Würmern. Diese Echsenart wurde zum Reptil des Jahres 2020 gewählt. Sie steht auf der Roten Liste bedrohter Tierarten.

Es ist nicht genug, zu wissen, man muss auch anwenden; es ist nicht genug, zu wollen, man muss auch tun.

JOHANN WOLFGANG VON GOETHE

Nützlings-einsatz sowie biotechnische und technische Maßnahmen

Nützlingseinsatz sowie biotechnische und technische Maßnahmen

Nützlingseinsatz

Der sogenannte Nützlingseinsatz wurde bereits vor etwa 1.700 Jahren in China betrieben. Die Chinesen setzten dabei räuberische Zucht-Nützlinge erfolgreich gegen verschiedenste Insekten wie Ameisen und Raupen ein.

In den letzten Jahrzehnten bemüht man sich auch bei uns verstärkt, Nützlinge aus Massenzucht auf Pflanzen zu übertragen. Dort sollen sie die entsprechenden Schädlinge jagen, fressen oder parasitieren. Grund für diese Entwicklung ist die große Abneigung vor dem Einsatz von Chemikalien im Hausgarten, da man dort immer lieber biologisch gärtnert.

Die Massenzucht von Nützlingen zur direkten Bekämpfung von Schädlingen ist jedoch oft recht schwierig und aufwendig. Räuberisch lebende Nützlinge fressen ihre Beute oder saugen sie aus. Andere Nützlinge parasitieren Schädlinge, indem sie ein Ei im Wirtstier ablegen. Die schlüpfende Larve ernährt sich danach vom Opfer, bis dieses abstirbt (z.B. Schlupfwespen). Der Einsatz dieser Methode ist deshalb besonders bei Kulturen in Folientunnels, Glashäusern, Wintergärten und größeren Freilandflächen zu überlegen.

LINKS
Nützliche Gallmücken im Einsatz gegen Blattläuse.

Nützlingseinsatz sowie biotechnische und technische Maßnahmen

In einem kleinen Hausgarten hingegen sollte das optimale Gleichgewicht zwischen Nützlingen und Schädlingen durch entsprechende nützlingsfördernde Bewirtschaftung forciert werden, so dass ein zusätzlicher Einsatz von Zucht-Nützlingen nicht erforderlich ist, da dieser auf solchen Flächen auch schwierig steuerbar wäre.

Voraussetzung für einen erfolgreichen Nützlingseinsatz ist das rechtzeitige Freilassen der Nützlinge beim Auftreten der ersten Schädlinge. Dazu sind sowohl die genaue Beobachtung als auch Kenntnis der Nützlinge und Schädlinge notwendig. Meist ist ein mehrmaliger Einsatz von Nützlingen erforderlich. Es ist auch zu beachten, dass die meisten Nützlingsarten rechtzeitig bei den Züchtern oder im Gartenfachhandel bestellt werden müssen. Nützlinge am Abend nach Sonnenuntergang ausbringen!

ÜBERSICHT ÜBER DIE GEBRÄUCHLICHSTEN KÄUFLICHEN NÜTZLINGE

Nützling	Einsetzbar gegen folgende Schädlinge
Fadenwurm (Nematoden)	Larven des Gefurchten Dickmaulrüsslers Schnecken (Ackerschnecken)
Raubmilbe	Spinnmilben, Thripse, Pocken- und Kräuselmilben
Gemeine Raubwanze	Weiße Fliege
Schlupfwespe	Weiße Fliege, Blattläuse, Minierfliegen, Apfelwickler, Schild- und Schmierläuse
Räuberische Gallmücke	Blattläuse, Spinnmilben
Florfliege	Blattläuse

Nützlingseinsatz sowie biotechnische und technische Maßnahmen

Die einzelnen Nützlinge haben ganz bestimmte Anforderungen an Ausbringung, Temperatur, Feuchtigkeit etc., welche unbedingt beachtet werden müssen, um den erfolgreichen Einsatz zu gewährleisten.

Biotechnische Maßnahmen

Als ein Beispiel biotechnischer Maßnahmen ist hier die Farbtafel angeführt. Farbtafeln sind fertig verleimte Papier- oder Kunststofftafeln, die giftfrei sind. Diese können zum Massenfang von Schädlingen eingesetzt werden, reichen jedoch nicht als alleiniges Bekämpfungsmittel aus. Farbtafeln eignen sich besonders zum Früherkennen des Schädlingsauftretens. In Folientunnels

RECHTS
Farbtafeln können einen wertvollen Beitrag zur Früherkennung und Reduzierung von Schädlingen leisten.

soll man sie im Bereich der Eingänge oder Lüftungen anbringen. Es ist daher eine ständige Kontrolle der Leimtafeln unbedingt notwendig. Farbtafeln sollten bevorzugt in geschlossenen und halb offenen Räumen (Systeme) zum Einsatz kommen.

Nützlingseinsatz sowie biotechnische und technische Maßnahmen

LINKS
Dispenser zur Verwirrung des Apfelwicklers werden sehr erfolgreich angewandt.

RECHTS
Leimringe sind exakt anzulegen, sie wirken vor allem gegen den Frostspanner.

WELCHE FARBTAFELN WIRKEN GEGEN WELCHE SCHÄDLINGE?

Gelbtafeln:	gegen Weiße Fliege, Trauermücken, Minierfliegen, Kirschfruchtfliege, Möhrenfliege und geflügelte Blattläuse
Blautafeln:	gegen Thripse
Weißtafeln:	gegen Apfel- und Pflaumensägewespen sowie Himbeerkäfer im Hausgarten

Technische Maßnahmen

Bei einer Reihe von Gemüsekulturen bewährt sich das Abdecken mit Vliesen oder Netzen, um Erdflöhen, Gemüsefliegen, Schmetterlingsarten und vielen anderen Gemüseschädlingen den Garaus zu machen. Es gibt auch spezielle 1,40 m hohe Schutzzäune, die gegen den Zuflug von Wurzelfliegen (z.B. Bohnenfliege, Kleine Kohlfliege, Möhrenfliege) und Kohldrehherzmücken erfolgreich Anwendung finden. Wurzelfliegen haben häufig mehrere Generationen pro Jahr, die erste bereits ab Ende April. Sie legen ihre Eier an dem Wurzelhals selbst oder in benachbarten kleinen Erdspalten ab. Daraus schlüpfen nach kurzer Zeit die gelblich weißen Maden.

TECHNISCHE MASSNAHMEN
Nützlingseinsatz sowie biotechnische und technische Maßnahmen

278

LINKS
Auch Schutzzäune werden gegen den Zuflug von bestimmten Schädlingen eingesetzt.

RECHTS
Ein kleiner Bauerngarten mit großer Pflanzenvielfalt.

Die Larven der verschiedenen Wurzelfliegen schädigen die Pflanzen durch Madenfraß an den feinen Seitenwurzeln und minieren teilweise auch die Hauptwurzeln.

EINSATZMÖGLICHKEITEN

Radieschen, Rettich:	gegen Kleine Kohlfliege
Kohlrabi, Blumenkohl:	gegen Kleine Kohlfliege, Kohlweißling
Möhren:	gegen Möhrenfliege
Porree, Zwiebeln:	gegen Zwiebelfliege
Bohnen, Erbsen:	gegen Bohnenfliege

Gegen die »Überflieger«, wie z.B. die Mehlige Kohlblattlaus oder den Kohlweißling, bieten die Schutzzäune keinen Schutz. Hier kann

Nützlingseinsatz sowie biotechnische und technische Maßnahmen

nur durch die Verwendung von Vliesen und Netzen der Zuflug von Insekten und deren mögliche Eiablage verhindert werden. Es ist darauf zu achten, dass man die Vliese oder Netze sofort nach dem Säen oder Pflanzen auslegt. Bitte beachten Sie, dass sich das dichtere Vliesmaterial wegen des geringen Lüftungseffektes nur zur Anwendung im Frühjahr und Herbst eignet. Durch den geringen Luftaustausch und die dadurch erhöhte Luftfeuchtigkeit könnten nämlich auch Krankheiten gefördert werden.

Befindet sich der Hausgarten im biologischen Gleichgewicht, sind die vorher angeführten Maßnahmen für Sie kaum oder überhaupt nicht von Bedeutung.

Energetische Methoden

Homöopathie für Pflanzen

Die homöopathische Behandlung von Krankheiten gewinnt in der Medizin als sanfte Heilmethode ohne schädliche Nebenwirkungen immer mehr an Bedeutung. Homöopathie ist mehr als ein Placebo. Sie wird nicht nur beim Menschen, sondern auch bei Tieren und Pflanzen erfolgreich eingesetzt. Nach einer Studie des Meinungsforschungsinstitutes GfK griffen 2017 62 % aller Österreicher zu einem homöopathischen Arzneimittel *(Der Standard, 12.10.2018)*.

Bereits der antike Arzt Hippokrates (460–377 v. Chr.) und der große Heiler des Mittelalters Paracelsus (1493–1541) erkannten die Möglichkeit, Ähnliches mit Ähnlichem zu heilen. Aber erst Samuel Hahnemann (1755–1843) prüfte dieses alte Wissen systematisch und wissenschaftlich nach und baute daraus ein umfassendes Therapiesystem auf.

LINKS
Hippokrates

RECHTS
Samuel Hahnemann

Energetische Methoden

Die Homöopathie für Pflanzen einzusetzen bedeutet, ohne umweltbelastende Maßnahmen die maximale Energie der Pflanzen zu fördern und damit Umwelteinflüssen, Schädlingen und Nährstoffmangel entgegenzuwirken.

Genau wie wir Menschen können Pflanzen nur dann auf heilende Reize reagieren, wenn ihre Selbstheilungskräfte nicht zu stark geschwächt sind. Die Grundvoraussetzung für gesunde Pflanzen ist dabei ein sich im Gleichgewicht befindender Boden. Wenn Ihre Pflanzen nun von Krankheiten oder Insekten befallen werden, sollten Sie sich deshalb zunächst fragen, was mit dem Boden oder der Bodenbearbeitung nicht stimmen könnte. Um das Bodenleben zu regenerieren, kann schon eine natürliche Düngung mit Kompost, Steinmehl und Gründüngung ausreichen. Man muss die Pflanze also zunächst in die Lage versetzen, auf eine homöopathische Behandlung überhaupt reagieren zu können. Vergessen Sie deshalb nie: *Boden und Pflanzen bilden eine Einheit!* Um gesunde Pflanzen zu erhalten, müssen wir also ganzheitlich denken und handeln.

Die ersten homöopathischen »Medikamente« für Pflanzen wurden vor ca. 30 Jahren entwickelt. Inzwischen haben diese »Medikamente« sehr erfolgreich Einzug bei Hobbygärtnern, Profigärtnern, Landwirten und Waldbesitzern gehalten.

Alle homöopathischen Mittel können in jeder Apotheke bestellt werden. Homöopathische Mittel kann man natürlich auch selbst herstellen, jedoch ist entsprechendes Wissen Voraussetzung, um Erfolg zu haben. Die Homöopathika können dann gezielt gegen Krankheiten und Schädlinge Anwendung finden.

Homöopathische Mittel werden hergestellt, indem man Wirkstoffe pflanzlichen, tierischen oder mineralischen Ursprungs in speziellen Verfahren verschüttelt und verdünnt. Zum Schluss können die jeweiligen Wirkstoffe chemisch nur noch in Spuren oder gar nicht nachgewiesen werden. Die nachgewiesene Wirkung wird jedoch durch Verdünnungsschritte erhöht. Obwohl der Wirkstoff also anscheinend verloren geht, kommt die Wirkung erst durch die Verdünnungsschritte zum Tragen.

Für die Wirksamkeit homöopathischer Mittel ist die Dosierung entscheidend. Bei der C-Potenz steht C für Hunderterschritte, dabei wird die Ausgangssubstanz jeweils im Verhältnis 1 : 99 mit dem Arzneiträger verdünnt. Zuerst wird die Ursubstanz hergestellt, dann wird potenziert und zehnmal kräftig geschüttelt. Dabei wird die Flasche auf einer festen Unterlage, z.B. einem stärkeren Buch oder auch gegen die Handballen, geklopft. Will man eine C2 herstellen, wird ein Teil der C1 mit 99 Teilen Alkohol vermischt und wieder zehnmal kräftig geschüttelt. Diese Schritte werden so oft wiederholt, bis man zur angestrebten Potenz kommt.

In Österreich und Deutschland wird häufig die D-Potenz als gebräuchliches Dezimalsystem verwendet. Diese unterscheidet sich von der C-Potenz durch das Verdünnungsverhältnis. Wird im Verhältnis 1 : 9 verdünnt, handelt es sich um eine Dezimal- oder D-Potenz. Dezimalpotenzen werden also in 10er-Schritten verdünnt. Man nennt diese Bearbeitung auch Dynamisieren bzw. Potenzieren.

Die homöopathischen Potenzen stellt man aus der Urtinktur durch Vermischen mit Alkohol oder Wasser bzw. durch Verreiben mit Milchzucker (Globuli) her. Nach Hahnemann erreicht man so eine Dynamisierung (Potenzierung = Verstärkung) des Arzneistoffes. »Potenzieren« bedeutet ja auch »die Kraft steigern«. Durch den Vorgang der Potenzierung übertragen die Ausgangswirkstoffe Informationen und feinstoffliche Energien auf die Trägersubstanz (Wasser, Alkohol oder Milchzucker).

Zur Herstellung der Urtinktur benötigen Sie Reagenzgläser, Einwegspritze, Wasser oder Alkohol, ein Glasgefäß mit Deckel und einen Mörser. Herstellen einer Ursubstanz:

1. SCHRITT
Man nimmt einige Blätter oder Blüten, auf denen sich genug Schädlinge (z.b. Läuse, Spinnmilben) befinden. Wenn die Pflanzen Krankheitssymptome aufweisen, nimmt man einige kranke Blätter; bei Wurzelkrankheiten Wurzelteile. Verreiben Sie diese pflanzlichen bzw. tierischen Teile im Mörser. Sie können auch einige Tropfen Alkohol (50%) dazugeben.

2. SCHRITT
Geben Sie den vorhandenen Brei in ein kleines Glasgefäß und füllen Sie es mit Alkohol auf. Das Glasgefäß vollkommen verschließen und ca. zwei Tage an einen warmen, sonnigen Ort stellen.

3. SCHRITT
Danach gießen Sie den Ansatz durch einen Kaffeefilter und fertig ist die Urtinktur. Ein Teil Ursubstanz wird mit neun Teilen Lösungsmittel verschüttelt (= D1). Davon wieder einen Teil entnehmen und mit neun Teilen Lösungsmittel verschütteln (= D2). Wiederholen Sie diese Schritte, bis Sie D6 erreichen. D6 bedeutet, dass rein rechnerisch auf einen Teil Ursubstanz 1.000.000 Teile Lösungsmittel kommen. D6 ist jene Potenz, die am häufigsten bei Pflanzen zur Anwendung kommt.

Obwohl sich Homöopathie immer größerer Beliebtheit erfreut, bleiben viele Menschen skeptisch, zumal die genaue Funktionsweise der Kügelchen oder Tropfen nicht restlos geklärt ist. Homöopathische Mittel wirken bei Bewusstlosen, Säuglingen, Tieren und Pflanzen, deshalb ist ein Placeboeffekt ausgeschlossen.

Energetische Methoden

Verklumpung als Basis der Homöopathie?

Wenn man eine Prise Salz in Wasser auflöst und noch mehr Wasser dazugibt – was geschieht? Die Teilchen entfernen sich weiter von einander und verteilen sich in der verdünnten Lösung – so zumindest glaubte man bisher. Chemiker des Kwanju-Instituts in Südkorea haben jedoch das Gegenteil bewiesen. Bei den Experimenten stellte sich heraus, dass sich die einzelnen Teilchen mit jeder Verdünnung stärker verklumpten. Auch Homöopathen verdünnen ihre Arzneimittel so lange, bis eigentlich kein Molekül in der Lösung sein dürfte. Je verdünnter, je potenter, lautet auch einer ihrer Grundsätze, mit denen viele Wissenschafter ihre Mühe haben. Es entstehen Molekülcluster.

Es ist bekannt, dass Wasser Informationen aufnimmt und sie in einer Art Gedächtnis speichert. Wasser verändert sich durch bloße Gedanken (*Deutsches Zentrum für Luft- und Raumfahrt in Stuttgart*). Man fand auch heraus, dass sich Wasser die Grundsubstanz von homöopathischen Mitteln merkt (*Salzburger Nachrichten, 16. 6. 2012*). Homöopathische Mittel wirken auf alle Lebewesen: Mensch, Tier und Pflanze. Die Prinzipien sind die gleichen, und das Ziel ist immer die Stärkung der natürlichen Lebenskräfte. So erhöht Cuprum metallicum beispielsweise die Widerstandskraft gegen Pilzerkrankungen.

Vom homöopathischen Standpunkt her betrachtet ist keine Krankheit unheilbar, vorausgesetzt man wählt das richtige Mittel. Die Homöopathie steht und fällt deshalb mit der Diagnose. Man muss daher ein guter Diagnostiker sein.

Ein homöopathisches Mittel entfaltet seine Wirkung auf Pflanzen und die Mikrobiologie des Bodens gleichermaßen. Das Gleichgewicht der Bodenmikroben ist für die Gesundung des Bodens unerlässlich.

In der Homöopathie werden Einzelmittel oder Komplexmittel eingesetzt. Einzelmittel ist ein 1-Wirkstoff-Präparat, die klassische Homöopathie arbeitet damit. Komplexmittel wird aus verschiedenen aufeinander abgestimmten Einzelmitteln, die auf ähnliche Symptome wirken, hergestellt.

Die Erfahrungen zeigen, dass die Wirkung eines Mittels umso tiefer greifend ist, je höher die Potenz gewählt wurde. Mit Einzelpräparaten erzielt man bei entsprechendem fachlichem Wissen und der richtigen Mittelauswahl größeren Erfolg.

Bei Einzelmitteln, die aus einer Ursubstanz hergestellt werden, befinden sich hinter dem Namen des Homöopathikums die jeweilige Potenzangabe (C30 oder D4). Bei Mitteln ohne Potenzangabe handelt es sich um Komplexpräparate. Komplexpräparate, die schon länger bei Pflanzen eingesetzt werden, unterdrücken eher Pflanzenkrankheiten, lindern sie, heilen sie eigentlich nicht. Sie zielen auf einzelne Ansprüche der Pflanzengemeinschaften ab.

Häufigste homöopathische Arzneien: Globuli = Streukügelchen. Dilution = Lösung = Tropfen. Danach ist neben der Auswahl der richtigen Arznei auch die entsprechende Dosierung zu wählen. Eine Überdosierung kann den Heilungsprozess stören oder das Problem sogar verstärken.

Dosierung

Homöopathische Mittel dürfen ausschließlich mit Wasser vermischt werden. Ein zu hoher oder zu niedriger pH-Wert des Wassers kann die Wirkung verzögern. »Viel hilft viel« ist kein Grundsatz in der Homöopathie. Zum Versprühen verwendet man ca. 10 Tropfen D6 für 1 Liter Wasser. Zum Gießen werden 5 bis 10 ml D6 auf 10 Liter Wasser gegeben. Die Zugabe von homöopathischen Mitteln erfolgt unter kräftigem Rühren des Wassers.

HOMÖOPATHIE FÜR PFLANZEN
Energetische Methoden

OBEN
Frau Tamberi (Bioweinhof Loacker, Steiermark) bei der Zubereitung von Homöopathika.

UNTEN
Schritt der Dynamisierung.

Arbeitet man mit Globuli, so reichen sechs bis zehn Globuli auf 10 Liter Wasser. Man kann die notwendigen Globuli in ein Wasserglas mit ca. 200 ml Wasser geben, da kann man die Globuli leichter zerdrücken und rührt mit einem Holz- oder Plastiklöffel die Flüssigkeit, dadurch lösen sich die Globuli in kurzer Zeit vollständig auf. Danach gibt man die Lösung in das vorbereitete Wasser und rührt nochmals mindestens 2 Minuten kräftig mit häufigem Richtungswechsel um. Im Hausbereich benötigt man oft nur 1 Liter Wasser, hier reichen 3 Globuli.

Ist die Erstbehandlung erfolgreich, ist ein weiterer Arbeitsgang nicht erforderlich. Zeigt sich das alte Krankheitsbild nach einiger Zeit wieder, so ist eine neuerliche Behandlung sinnvoll. Sollte sich nach zwei bis fünf Tagen einer Behandlung kein Erfolg zeigen, das Mittel durch ein anderes ersetzen. »Wartezeiten« für behandeltes Gemüse, Früchte usw. entfallen bei homöopathischen Verdünnungen vollständig. Für die Ausbringung eignen sich Edelstahl-, Glas-, Porzellan- oder PE-Kunststoffbehälter. Anschließend die Gefäße sorgfältig mit reinem Wasser reinigen. Die Abgrenzung von verschiedenen Potenzbereichen ist nicht verbindlich festgelegt.

Anwendung

Beim Einsatz von homöopathischen Mitteln bei Pflanzen fehlt dem Anwender eine wichtige Entscheidungshilfe, die sogenannte Anamnese (ausführliche Befragung des Patienten) durch den Homöopathen. Daraus entsteht ein Gesamtbild vom jeweiligen Patienten, die Grundlage für das homöopatische Einzelmittel.

Will man Homöopathie erfolgreich bei Pflanzen einsetzen, muss man ähnlich vorgehen. Behandlung mit Einzelmittel in der Homöopathie erfordert großes fachliches Wissen, um die richtige Symptom-Mittelzuordnung zu erzielen. Nicht nur der Zustand der Pflanze ist entscheidend, sondern das gesamte Umfeld muss in die Beurteilung mit eingeschlossen werden (z.B. Boden, Düngung,

Umweltbedingungen). Ohne richtige Erkennung der Pflanzenschwäche, Krankheiten, Schädlinge ist eine erfolgreiche Behandlung nicht möglich.

Die Homöopathie für Pflanzen wird oft als sehr einfach beschrieben, dies ist absolut unrichtig. Misserfolge können das Ergebnis sein. Beginnen Sie daher mit kleinen Schritten. Die Analyse des Pflanzenzustands und die Zuordnung eines Präparates erfordern viel Zeit und Wissen. Die Ausbringung der Arznei sollte am zeitlichen Vormittag oder am späten Nachmittag erfolgen und nie bei vollem Sonnenschein. Das Ausbringgerät soll eine sehr feine Düse haben. Einige Mittel und Anwendungen werden im Folgenden dargestellt. Diese Aufzählung erhebt keinen Anspruch auf Vollständigkeit.

Aconitum (Blauer Eisenhut)

Der Saft des Blauen Eisenhuts (*Aconitum napellus*) wurde früher zur Herstellung eines tödlichen Pfeilgiftes verwendet. Aconitum C200 ist erfolgreich gegen Rostkrankheiten einsetzbar. Zusätzlich verwendbar bei Pflanzen nach dem Umtopfen, aber auch gegen Verletzungen und Kälteschäden. Unterstützt Reben bei plötzlichen Witterungsschwankungen. Kann erfolgreich bei Wärme- und Hitzeschäden an empfindlichen Pflanzen eingesetzt werden.

Arnica (Bergwohlverleih)

Arnica (*Arnica montana*) C200 ist ein vorzügliches Mittel, wenn die Pflanze einen Schock erlitten hat. Gut einsetzbar bei Wurzelschäden durch Umpflanzungen sowie Verletzungen nach Hagel. Gutes Aufbaumittel für geschwächte Pflanzen und bei Stress.

HOMÖOPATHIE FÜR PFLANZEN
Energetische Methoden

OBEN
Verletzter Nussbaum am 1. August 2013.

Nach der Verletzung wurde er mit saugfähigem Material, z.B. Leinen, bandagiert und zwei Wochen lang jeden zweiten Tag mit Arnica C200 besprüht.

UNTEN
Nussbaum am 28. August 2015.

Belladonna (Tollkirsche)

Belladonna (*Atropa belladonna*) wirkt auf den gesamten Organismus der Pflanze. Belladonna C200 ist gut einsetzbar bei Rostkrankheiten. Hilfreiche Anwendung, wenn Pflanzen durch lang anhaltenden Regen schwächeln. Auch bei starker Sonneneinstrahlung im Weinbau wird Belladonna eingesetzt, genauso wie bei Kindern, wenn sie Fieber haben. Übrigens: Hasen und Ziegen können Tollkirschen fressen, ohne von ihr Schaden zu nehmen.

Calendula (Ringelblume)

Calendula (*Calendula officinalis*) hat im Gegensatz zu Arnica eine äußerst beruhigende Wirkung auf das Gewebe. Calendula ist daher bei offenen Wunden, wie etwa durch Hagelschlag, ein vorzügliches Mittel. Gute Wirkung auch bei Hitzeschäden an Pflanzen. Die Ringelblume enthält Stickstoff und Phosphor in größeren Mengen und fördert dadurch auch die Heilkräfte. Calendula C30 hilft schwachen Pflanzen wieder auf die »Beine«.

Camphora (Kampfer)

Camphora D6 hat sich bei Ameisen bewährt, kann aber auch bei Blattläusen und Schildläusen erfolgreich eingesetzt werden. Gießen Sie Camphora D6 auch auf den Ameisenhügel oder auf Wanderstraßen. Die Ameisen verlassen dann ihr gewohntes Zuhause und auch die Wege.

Cuprum metallicum (Kupfer)

Wird auch im Weinbau eingesetzt, da es die Pflanzenentwicklung günstig unterstützt. C30-Dosierung hat positiven Einfluss bei der Mehltau-Braunfäule-Bekämpfung, hilft auch gegen Schädlinge (z.B. Schildläuse). Unterstützt die Widerstandskraft gegen Pilzerkrankungen, vor allem gegen Peronospora. Achtung: Ein Zuviel an Kupfer kann bei den Pflanzen auch einen Wachstumsschock bewirken!

Helix tosta (Geröstete Schneckenhäuser)

Für viele Gärtner und Landwirte stellen Nacktschnecken oft eine große Plage dar. Die Mittel Helix tosta D6 oder C30 haben sich in der Praxis gut bewährt. Meistens ist eine mehrmalige Behandlung erforderlich. Die Ausbringung des Mittels erfolgt sowohl im Gießverfahren als auch im Sprühverfahren. Durch den Einsatz dieser Mittel werden keine anderen Tiere in Mitleidenschaft gezogen.

Nux vomica (Brechnuss)

Nux vomica (*Strychnos nux-vomica*) C30 kann positiv eingesetzt werden bei Pflanzen, die unter Stress und Hagelverletzungen leiden. Unterstützend bei Viruserkrankungen und auch erfolgreich gegen Braunfäule.

Silicea (Kieselsäure)

Silicea terra ist eines der großen Mittel in der homöopathischen Pflanzenbehandlung in der Landwirtschaft und hat ein besonders breit gefächertes Wirkspektrum, mit einer tief gehenden Wirkung auf den Lebenszyklus der Pflanzen. Silicea, nach der Blüte verabreicht, fördert den Fruchtansatz. Silicea kann jede Phase der Entwicklung einer Pflanze beeinflussen. Fördert außerdem die Stärkung der Gewebestruktur. Silicea C200 ist verwendbar gegen Mehltau, Pilzbefall, Zwergwuchs, Wärme, Trockenheit und Schädlinge. Im Obstbau maximal zwei Anwendungen.

Thuja (Alpenländischer Lebensbaum)

Thuja (*Thuja occidentalis*) C30 kann gegen Schädlinge wie Milben, Raupen korrigierend eingreifen. Hilft auch bei Erkrankungen, wie beispielsweise Braunfäule, Monilia, Sternrußtau, Virusbefall, ungünstiger Pflanzenentwicklung durch Witterungsunbilden, Blattflecken.

Homöopathische Mittel bei Hitze und Trockenheit

Causticum (Ätzkalk) C30	nach zu viel Sonne
Ignatia (Ignatiusbohne) C30	nach intensiver Sonnenbestrahlung
Sulfur (Schwefelblüte) C200	nach langer Trockenheit
Belladonna (Tollkirsche) C200	bei intensiver Sonnenbestrahlung
Calcium Carbonicum D6 (Austernschalenkalk)	z.B. bei Rhododendron, wenn er unter Sonnenhitze leidet
China (Chinarindenbaum) C200	bei Hitzeschäden

Einige Komplexpräparate

Greengold: Greift stärker in die Bodenverbesserung ein. Verbessert den gesamten Stoffwechsel der Pflanze.

Biplantol: Wirkt rasch, positive Wirkung bei Botrytis an Erdbeerpflanzen, Kräutern und Stecklingen.

Silpan: Regeneriert und hilft umweltgeschädigten Pflanzen, steigert die Vitalität und Widerstandskraft.

Fungi-No: Einsatzgebiet im Wein- und Obstbau. Fungi-No hat sich besonders bewährt gegen den Falschen und Echten Mehltau sowie bei Botrytis.

Biologisch-dynamische Wirtschaftsweise

Zu Pfingsten 1924 hielt Dr. Rudolf Steiner, der Begründer der Anthroposophie, auf Bitten von Gärtnern und Bauern acht Vorträge auf dem Gut Koberwitz bei Breslau. Noch während des Kurses schlossen sich Teilnehmer zum »Versuchsring anthroposophischer Landwirte« zusammen. Im Jahr 1927 wurde der Name »Demeter« für Produkte aus dem biologisch-dynamischen Anbau eingeführt. Demeter ist der Name der altgriechischen Fruchtbarkeitsgöttin, die dort einst für das positive Gedeihen auf den Feldern verantwortlich gemacht wurde.

Für die Betriebsgestaltung stellte Rudolf Steiner das Bild des landwirtschaftlichen Betriebes als eine so weit wie möglich geschlossene Individualität hin. Ziel war die Dauerfruchtbarkeit und Gesundheit aus den eigenen Kräften des Hofes. Ein zentraler Ausgangspunkt war die Humuswirtschaft, die auf Tierhaltung, Düngerwirtschaft und Fruchtfolge beruht.

LINKS
Rudolf Steiner (1861–1925)

RECHTS
Nach Dr. Steiner ist der Wirbel im Rührfaß der Rhythmus des Lebens. In der Tiefe liegt die Kraft.

Energetische Methoden

Ebenso wesentlich ist die intensive Verwendung der biologisch-dynamischen Präparate. Sie werden auf Boden, bei Pflanzen und in der Düngerzubereitung angewandt. Die Herstellung erfolgt im eigenen Betrieb oder in Arbeitsgemeinschaften.

KOMPOSTPRÄPARATE (HEILPFLANZENPRÄPARATE)

Schafgarbenpräparat (502)

Kamillenpräparat (503)

Brennnesselpräparat (504)

Eichenrindenpräparat (505)

Löwenzahnpräparat (506)

Baldrianpräparat (507)

SPRITZPRÄPARATE

Hornmistpräparat (500)

Hornkieselpräparat (501)

Beim Rühren von Hornmist und Hornkiesel in Wasser übertragen sich Kräfte. Dieser Vorgang heißt Dynamisierung.

Zusätzlich gibt es noch das Fladenpräparat. Dieses Präparat ist zwischen dem Feld- oder Spritz- sowie den Kompostpräparaten angesiedelt und gilt als Rotteförderer. Auch im Wein- und Obstbau werden die Spritzpräparate Hornmist und Hornkiesel regelmäßig ausgebracht.

Diese sechs Düngerpräparate werden bis zu ihrer Verwendung in einer Holzkiste mit Torf aufbewahrt. Präparate sind das Herz der biodynamischen Wirtschaftsweise.

RECHTS
Im biologisch-dynamischen Anbau spielen die sechs Kompostpräparate und die zwei Spritzpräparate eine wichtige Rolle.

Herstellung der Spritzflüssigkeit

Die einzelnen Präparate werden in handwarmem Wasser kräftig eine volle Stunde lang in wechselnder Drehrichtung gerührt. Wichtig ist, dass im Gefäß jedes Mal ein tiefer Flüssigkeitstrichter entsteht. Die Drehrichtung soll nach ca. einer Minute gewechselt werden. Die Präparateherstellung soll händisch und mit positiver geistiger und seelischer Zuwendung vorgenommen werden. Als Behälter für die Herstellung sind außer Metallbehältern alle anderen Gefäße aus Holz, Steingut etc. geeignet.

Mit Asche kurieren

Die Methode der Veraschung zählt wie die Homöopathie und die Bachblütenbehandlung zu den sogenannten energetischen Methoden. Sie ist ein wesentlicher Bestandteil im biologisch- dynamischen Garten- und Landbau. Der Begründer war der Anthroposoph Dr. Rudolf Steiner.

Das Prinzip ist jedoch wesentlich älter. Bereits in der Volksheilkunde des Mittelalters arbeitete man mit der Verbrennung bestimmter Stoffe, aber auch die altägyptische und südamerikanische Volksmedizin kannte das Verbrennen von pflanzlichen und tierischen Substanzen. Damit wird einerseits auf die praktische Erfahrung der klassischen Homöopathie nach Samuel Hahnemann und andererseits auf die von Rudolf Steiner entwickelten biodynamischen Gesetze zurückgegriffen.

BEI DER VERASCHUNG VON SCHÄDLINGEN WIRD MEIST NACH FOLGENDEM PRINZIP VORGEGANGEN

A) Verbrennen von Schadschnecken (50 bis 60 Stk.) im Ofen auf Holzfeuer oder Schädlinge in einen Eierkarton geben und verbrennen. Diese Methode ist besonders im biologisch-dynamischen Landbau üblich. Asche ca. eine Stunde in einem Mörser verreiben (dynamisieren), dann z.B. mit einem Salzstreuer oder einem feinmaschigen Küchensieb ausbringen. Die Asche also fein verteilt um die zu schützenden Pflanzenbeete aufbringen.

In vielen Fällen hat man bei Massenauftreten tierischer Schädlinge dann die besten Ergebnisse, wenn man diese an den Stellen verbrennt, wo sie auftreten. Anwender schwören jedoch auf dynamisierte Asche-Präparate, die Wirkung dieser soll wesentlich höher sein.

B) Vorgangsweise wie unter A) beschrieben: 1 g dynamisierte Asche in eine kleine Flasche mit 9 ml Wasser geben und drei Minuten schütteln = D1, nun gibt man 90 ml Wasser dazu, schüttelt wieder drei Minuten, dann erhält man D2, dann weiter bis D4. Ab D4 (9 Liter), wieder mit 1 ml der D4 und 9 ml Wasser beginnen usw. bis D8. Von der D8-Konzentration benötigt man nur ½ Liter für 100 m^2 Bodenfläche.

MIT ASCHE KURIEREN
Energetische Methoden

Die D4-Konzentration ist etwa zwei Jahre haltbar. Dieses potenzierte Mittel D8 soll danach etwa drei Abende nacheinander fein versprüht ausgebracht werden. Günstig: Mondphase vor Krebs oder Mond und Mars vor Krebs. Spezialwissen für diese Form der Schneckenregulierung sollte vorhanden sein, diese Methode ist auch mit anderen Schadinsekten möglich (z.B. Kartoffelkäfer, Läuse).

Die Ausbringung erfolgt bei Pflanzenschädlingen auf die Pflanze, bei Bodenschädlingen auf den Boden. Nach den gleichen Abläufen können auch Unkrautsamen oder kranke Pflanzenteile verascht und ausgebracht werden. Es wird davon ausgegangen, dass bestimmte kosmische Konstellationen auf die Herstellung und Ausbringung einen wesentlichen Einfluss haben. Der jährlich erscheinende Aussaatkalender von Maria Thun ist ein wertvoller Behelf für diese Methoden.

Schnecken: Ein erfolgreiches Mittel gegen Schnecken in der biologisch-dynamischen Landwirtschaft ist der Einsatz des Hornkiesel-Präparates. Es soll an Blüten- oder Fruchttagen in der Früh direkt auf den Boden ausgebracht werden. Die dadurch entstehende Lichtintensität auf dem Boden mögen die Schnecken gar nicht. Bei akuter Schneckenplage ist es empfehlenswert, den gesamten Vorgang an 2 bis 3 aufeinanderfolgenden Tagen zu wiederholen.

RECHTS
Ein alter Griller eignet sich bestens für die Veraschung von z.B. Schädlingen.

Stichwortregister

A

Abdrift: 112
Ackerschachtelhalm: 118, 119, 141, 154, 157, 158, 159, 168, 232, 233, 234, 266
Ackerschachtelhalmbeize: 266
Ackerschachtelhalmbrühe: 155, 156
Ackerschachtelhalmjauche: 156, 157
Ackerschachtelhalm/Rainfarn-Tee: 159
Ackerschachtelhalmtee: 141, 158, 233
Aconitum: 290
Adlerfarn: 175, 176
Aktivierung: 162, 170
Alaun: 238
Algenbeize: 267
Algenextrakt: 238, 248
Algenkalk: 239, 249
Ameisen: 65, 104, 174, 186, 204, 215, 220, 221, 224, 225, 246, 253, 255, 260, 274,
Amerikanischer Stachelbeermehltau: 156
Ampfer: 160
Ampferextrakt: 160
Anzuchtsubstrat: 38
Apfelblattlaus: 169, 202
Apfelschorf: 173, 258
Apfelwickler: 206, 207, 224, 226, 275, 277
Apfelwolllaus: 104
Arnica: 290, 292
Asternwelke: 222, 250
Ätherische Öle: 164, 195, 198, 215, 227, 239
Ausbringung: 39, 51, 132, 135, 139, 142, 143, 192, 232, 249, 276, 289, 290, 293, 299

B

Bakterien: 23, 80, 96, 115, 189, 199, 228,
Bakterienkrankheiten: 97, 188, 191, 227
Baldrian: 59, 60, 161, 162
Baldrianbeize: 268
Baldrianblütenextrakt: 161
Baldrianextrakt: 161, 162, 268
Baldriantee: 162
Basilikum: 35, 60, 64, 67, 81, 162, 163
Basilikumtee: 163
Beinwell: 52, 132, 164, 165
Beinwelljauche: 164, 165, 179
Beinwellkaltwasserauszug: 165
Belladonna: 292
Bewässerung: 77
Bienen: 81, 183, 258
Biokohle: 39, 42
Biologisch-dynamische Wirtschaftsweise: 295
Biologischer Landbau: 124
Biologischer Pflanzenschutz: 112, 114
Biotechnische Maßnahmen: 276
Biplantol: 294
Birke: 166
Birkenblätterjauche: 166
Blattfallkrankheit: 228
Blattfleckenkrankheit: 155, 228
Blattläuse: 65, 103, 105, 110, 119, 157, 163, 168, 169, 170, 172, 173, 175–177, 187, 190, 205, 211, 225, 238, 242, 254–256, 274, 275, 277
Blattlauslöwe: 105
Blattwespen: 205, 206

Stichwortregister

Blutlaus: 67, 184, 187, 246, 256, 259
Boden: 19, 32, 34, 36, 39, 41, 43, 44, 47, 50, 77, 83, 100, 104, 109, 118, 123, 139, 154, 162, 166, 169, 176, 182, 188, 191, 193, 197, 213, 220, 226, 228, 232, 239, 240, 242, 244, 247, 249, 268, 283, 289, 296, 299
Bodenkrankheiten: 43
Bodenkrümel: 20
Bodenleben: 20, 22, 26, 27, 53, 207, 246, 283
Bodenpilzkrankheiten: 155, 157
Bodenverbesserung: 39, 43, 169, 240, 294
Bohnenfliege: 206, 224, 277, 278
Bohnenrost: 98, 216
Bohnenspinnmilben: 209
Brennnessel: 52, 118, 132, 154, 164, 167, 171, 179, 232
Brennnessel/Ackerschachtelhalm-Brühe: 168
Brennnessel/Wermut-Tee: 171
Brennnesselbad: 268
Brennnesselbrühe: 119, 155, 168
Brennnesseljauche: 135, 164, 169, 170, 268
Brennnesselkaltwasserauszug: 170
Brennnesseltee: 158, 171, 233
Brennspiritus: 139, 155, 256, 259
Brombeermilbe: 206, 224
Brottrunk: 240
Brühe: 110, 116, 139, 155, 168, 170, 176, 194, 206, 224, 242, 248

C

Calendula: 211, 292
Chemisch-synthetischer Pflanzenschutz: 112

CO_2-Konzentration: 111
Cuprum metallicum: 286, 292

D

Dammkultur: 75
Dauerhumus: 23
Demeter: 295
Dickmaulrüssler: 207, 225, 247
Dilution: 287
Dispenser: 277
Dosierung: 149, 179, 240, 249, 258, 284, 287, 292
Drahtwurm: 65, 246, 263
Duftstoffe: 55
Düngemittel: 123, 248
Düngung und Nährstoffaufnahme: 24

E

Eberraute: 171
Eberrautentee: 172
Echter Mehltau: 65, 98, 191, 239, 261
Efeu: 172
Efeublättertee: 173
Effektive Mikroorganismen: 241
Eiche: 173
Eichenblätterjauche: 174
Eichenblättertee: 174
Eichenrindenbrühe: 174
Eierschalen: 241
Elot-Vis: 242
Engerlinge: 31
Erbsenblattrandkäfer: 226
Erdbeermilben: 190, 224, 228
Erdflöhe: 65, 103, 183, 204, 207, 239, 242
Erdraupen: 183, 220, 226

Stichwortregister

Erlebnisraum Garten: 80
Ernten von Kräutern: 130
Extrakt: 142, 146, 160, 177, 200, 215, 244, 268

F

Fakten zur Qualität unserer Lebensmittel: 120
Falscher Mehltau: 143, 216
FAO: 113
Farnkraut: 65, 175
Farnkrautbrühe: 176
Farnkrautextrakt: 177
Farnkrautjauche: 176
Farnkrautkaltwasserauszug: 177
Farnkrauttee: 178
Fäulnis: 28, 50, 77, 245
Faustprobe: 33
Fehler beim Gießen: 79
Feindbild Schädling?: 116
Fenchel: 59, 63, 81, 178, 179
Fencheljauche: 179
Fenchelöl: 179, 239
Feuerwanze: 159
Florfliege: 81, 105, 110, 275
Frostnacht: 162
Frostspanner: 202, 206, 254, 277
Fruchtansatz: 168, 170, 293
Fruchtwechsel: 56
Fungi-No: 294

G

Gallmilben: 190
Gärtnern mit dem Mond: 84
Gelbe Pflaumensägewespe: 207, 226
Gemeine Raubwanze: 275

Gemüsefliegen: 215, 277
Gentechnik ist keine Lösung: 89
Gesteinsmehl: 38, 133, 238, 242, 248, 261, 267
Gesundes Pflanzenwachstum: 162, 184, 240
Gesundheitsstärkende Blattdüngung: 165
Globuli: 146, 284, 287, 289
Glyphosat: 91
Grapefruitkernextrakt: 244
Grauschimmel: 65, 158, 184, 189, 227, 244, 262
Greengold: 294
Grenzwert: 78, 113
Große Klette: 180
Grundregeln für erfolgreiche Kompostierung im Hausgarten: 33
Grundlagen – Vorbeugung: 108
Gründüngung: 20, 23, 43, 47, 110, 283
Gründüngungspflanzen: 43, 47, 52,
Gummifluss: 65

H

Heißwasserbeizung: 270
Helix tosta: 293
Himbeergallmücke: 206
Himbeerkäfer: 206
Himbeerrutenkrankheit: 155, 184
Hirtentäschel: 181
Hirtentäschelbrühe: 181
Holunder: 182, 209, 211
Holunderblätter: 182
Holunderblätterjauche: 182
Holunderblattlaus: 202

Holzasche: 33, 34, 248
Homöopathie für Pflanzen: 282, 290
Humus: 20, 27, 43, 52
Hügelbeet: 17

I

Insekten, fressende und saugende: 174, 176, 177
Insektenabweisende Wirkung: 239
Insektenbekämpfung: 191
Integrierter Landbau: 123

J

Jauchen: 118, 132, 135, 138, 143, 146, 152, 186, 229
Johannisbeerblasenlaus: 104, 211

K

Kaffee: 244
Kaffeesatz: 244
Kaiserkrone: 67, 245
Kalium: 24, 34, 164, 176, 196
Kaliumpermanganat: 245
Kaltwasserauszug: 138, 142, 177, 186, 196, 221, 269
Kalzium: 24, 26, 34, 170, 173
Kamille: 66, 183, 204, 216
Kamillenauszug: 184
Kamillenbrühe: 184
Kamillenjauche: 184
Kamillentee: 185, 232, 233, 268
Kapuzinerkresse: 62, 66, 70, 74, 76, 186, 246
Kapuzinerkresseauszug: 186
Kapuzinerkressetee: 187

Karenzzeit: 113
Karotten: 56, 59, 60, 61, 62, 63, 64, 66, 67, 68, 69, 72, 75, 198, 255
Kartoffelhälften: 246, 263
Kartoffelkäfer: 65, 202, 206, 239, 242, 299
Kartoffelkäferlarven: 219
Kartoffelwasser: 246
Käufliche Nützlinge: 274
Kieselsäure: 26, 154, 216, 233, 266, 293
Kirschfruchtfliege: 254, 277
Knoblauch: 35, 59, 60, 61, 62, 63, 65, 66, 187, 218, 222, 226, 228, 245, 247, 269
Knoblauch- und Zwiebeljauche: 173
Knoblauchauszug: 188
Knoblauchbeize: 269
Knoblauchextrakt: 189
Knoblauchjauche: 189
Knoblauchtee: 119, 190
Knollenfäule: 100, 200, 238
Kohl: 68, 69, 165, 188, 192, 222, 270
Kohldrehherzmücke: 254
Kohlfliege: 277, 278
Kohlhernie: 44, 66, 104, 110, 155, 157, 192, 193, 266
Kohljauche: 192
Kohltee: 193
Kohlweißling: 66, 170, 183, 220, 221, 222, 224, 260, 278
Kokosseifenlösung: 247
Kompost: 20, 25, 27, 39, 41, 52, 110, 133, 135, 156, 165, 176, 194, 219, 232, 243, 247, 248, 283
Kompostauszug: 247
Kompostbeigabe: 165, 185
Komposteinsatz im Garten: 36

Stichwortregister

Kompostpräparate: 87, 296, 297
Konventioneller Landbau: 123
Konzentrations- und Produkt-
  Bedarfsumrechnungstabelle: 149
Krankheitserreger und Schädlinge
  an Pflanzen: 56, 119
Kräuselkrankheit: 66, 67, 157, 158, 190,
  194, 222, 223, 246, 247, 250, 252, 259, 261
Kräuselmilbe: 275
Krautfäule: 101, 188, 189, 210, 215, 216,
  239, 248, 269
Krebswunden: 187
Kren: 65, 193
Krenbeize: 269
Krenbrühe: 194
Krentee: 194
Kressetest: 36, 37
Kuhdung/Zucker/
  Melasse/Holzasche: 248
Kulturführung: 122
Kupfer: 24, 156, 248, 249, 261, 262, 292

L

Lagerfäule: 229
Lauchmotten: 66, 155, 158, 198, 206, 207
Läusebefall: 170, 224
Lavendel: 65, 66, 81, 139, 195
Lavendelextrakt: 195
Lavendel-Kaltwasserauszug: 196
Lebendverbauung: 22
Lebermoos: 152, 199
Lehmbrei: 249
Leimringe: 250, 277
Leitfähigkeit (mS): 136
Lilienhähnchen: 206, 207
Lichtverschmutzung: 106

»Die Lösung«: 240
Löwenzahn: 82, 196, 232
Löwenzahnjauche: 197
Löwenzahntee: 197

M

Magermilch: 250, 270
Magermilchmolke: 250
Malvenrost: 158
Marienkäfer: 105, 110, 258
Maulwurf: 67, 251
Meerrettich: 193, 269
Mehlige Apfelblattlaus: 169
Mehlige Kohlblattlaus: 256, 278
Mehlige Pflaumenlaus: 256
Mehltau: 97, 98, 100, 116, 143, 157, 158,
  159, 160, 179, 189, 190, 191, 205, 206, 210,
  214, 216, 227, 228, 239, 243, 248, 250, 251,
  252, 253, 257, 258, 261, 292, 293, 294
Mikroorganismen: 22, 23, 28, 29, 39, 53,
  241, 248
Milben: 100, 103, 116, 119, 155, 189, 190,
  191, 207, 227, 228, 251, 293
Milch: 91, 251, 266, 270
Milchbeize: 270
Mineralische Öle: 251
Mineralstoffe: 34
Minierfliege: 202, 275, 277
Mischkultur: 44, 55, 260
Mischungen als Saat- und
  Pikiererden/Pflanzerden: 38
Mit Asche kurieren: 298
Mittelzehrer: 36
Möhren: 198
Möhrenfliege: 66, 189, 190, 218, 227, 262,
  277, 278

Möhrenkrauttee: 198
Mondkalender: 87
Monilia: 155, 156, 157, 158, 194, 203, 248, 257, 261, 293
Moos: 199, 249
Moosextrakt: 199, 200
Moos- und Flechtenbildung: 249
Mulchdecke: 50, 53, 110
Mulchen: 50, 79, 183

N

Nachbarn für die Mischkultur: 59
Nachblütenspritzung: 168, 206, 245
Nachteile der anorganischen Nährstoffform: 25
Nadelgehölze: 262
Nährhumus: 23
Nährstoff-Ansprüche: 35
Nahrungskette: 35, 91, 112, 115
Natriumhydrogencarbonat: 252
Natürliche Mittel zur Pflanzenstärkung bzw. zur Schädlings- und Krankheitsabwehr: 117
Naturnahe Gartengestaltung: 83, 110
Nematoden: 43, 66, 100, 255, 259, 260, 270, 275
Neophyten: 74
Neudovital: 252
NiemAzal-T/S: 201
Niembaum: 201, 202
Niemextrakt: 202
Niemsamen: 202
Nützlinge: 80, 81, 82, 83, 96, 105, 110, 115, 201, 250, 252, 256, 274, 275, 276
Nützlingseinsatz: 274
Nützlingshotel: 81

Nux vomica: 293

O

Ökologisches Gleichgewicht: 81
Olivenöl: 253
Orangenschalen: 253
Ozonbelastung: 111

P

Paraffinöl: 188, 190, 191, 252
Pechnelke: 203
Pechnelkenextrakt: 203
Permakultur: 188
Pfefferminze: 60, 65, 66, 204
Pfirsichkräuselkrankheit: 155
Pflanzen gegen Krankheiten und Schädlinge: 65
Pflanzenkohle: 39
Pflanzenschutzmittelrückstände: 112
Pflanzenstärkung: 117, 157, 169, 170
Herstellung von Pflanzenstärkungs- und -pflegemitteln: 132
Pflaumensägewespen: 254, 277
Phosphor: 24, 25, 34, 239, 292
pH-Wert: 25, 136, 137, 287
Pilze: 26, 41, 96, 97, 116, 152, 154, 158, 174, 199, 247
Pilzerkrankungen: 66, 162, 189, 228, 240, 286, 292
Pilzmittel: 154
Pilzsporen: 97, 100, 160, 204, 250, 251, 257
Pockenmilbe: 252, 257
Population: 115
Potenzieren: 284
Pyrethrumprodukte: 253

Q
Qualitätsverbesserung: 197
Quassia/Seifenbrühe: 254

R
Rainfarn: 65, 118, 205, 249, 255
Rainfarnauszug: 205
Rainfarnbrühe: 206, 249
Rainfarnjauche: 207
Rainfarntee: 207
Rapsöl: 252, 255
Rasenmoos: 199
Räuberische Gallmücke: 275
Raubmilben: 110, 258
Raubwanze: 275
Raupen: 66, 82, 103, 173, 182, 186, 207, 209, 220, 221, 224, 225, 238, 246, 250, 254, 274, 293
Regenflecken: 247
Regenwürmer: 19, 20, 249
Reifetest: 37
Respekt: 182, 232
Rhabarber: 35, 59, 63, 69, 70, 208
Rhabarberblätterbrühe: 208
Rhabarberblätterjauche: 209
Rhabarberblättertee: 210
Rinderharn/Rinderjauche: 255
Ringelblume: 211, 242, 255, 292
Ringelblumenjauche: 212
Rittersporn: 158, 210, 266, 269
Rosenkäfer: 30, 31
Rosenrost: 66, 99, 243, 253
Rostkrankheiten: 179, 205, 239, 290, 292
Rostpilze: 176
Rote Rübe-Jauche: 213
Rote Rübe/Rote Bete: 212
Rote Spinne: 155, 251
Rotte: 28, 247

S
Saatgutbeizungen: 266
Saatgutmischungen: 81
Sachalinknöterich: 213
Sachalinknöterichextrakt: 214
Salatbräune: 250
Salatfäule: 155
Salatöl: 256
Salbei: 60, 61, 65, 66, 81, 70, 214
Salbeiauszug: 215
Salbeiextrakt: 215
Säulchenrost: 66, 224, 225, 226
Schadinsekten: 26, 66, 162, 201, 299
Schädlinge: 65,96, 103, 109, 117, 275, 277, 298
Schadstoffe: 42, 113, 122
Schafgarbe: 216
Schafgarbe-/Brennnesseltee: 202
Schafgarbenkaltwasserauszug: 216
Schafgarbentee: 217
Schildlaus: 177, 187, 259
Schlupfwespen: 81, 258, 274
Schmierlaus: 103, 275
Schmierseife: 155, 156, 157, 169, 188, 247, 254, 256
Schmierseifenlösung: 256
Schmierseife/Spiritus-Lösung: 256
Schnecken: 22, 28, 50, 77, 176, 195, 196, 202, 206, 209, 222, 225, 238, 244, 246, 275, 299
Schnittlauch: 35, 60, 63, 64, 65, 66, 70, 218, 228, 252

Schnittlauchtee: 218
Schorf: 116, 158, 166, 173, 245, 248, 252, 257, 258, 259
Schrotschusskrankheit: 156, 259
Schwachzehrer: 36
Schwarzbeinigkeit: 157
Schwarze Bohnenlaus: 67
Schwarzer Tee: 257
Schwebefliege: 105
Schwefel: 24, 168, 186, 257, 258
Schwefelblüte: 258
Schwefelkalk: 258
Schwefelleber: 258
Schwermetalle: 34
Sellerieschorf: 222
Silicea: 290, 293
Silpan: 294
Sonnenhut: 259
Spinnmilbe: 157
Spiritus: 156, 256, 259
Spritzpräparate: 296
Spurenelemente: 24, 122, 192, 246, 252
Stachelbeeren: 179, 210, 224, 228, 257
Stachelbeermehltau: 156
Starkzehrer: 36
Steinobst: 194, 201
Sternrußtau: 99, 155
Stickstoff: 23, 24, 25, 26, 33, 43, 164, 170, 239, 244, 260, 292
Streichhölzer: 259

T

Tagetes: 43, 60, 64, 65, 66, 139, 260
Taubenschwärmer: 83
Technische Maßnahmen: 274

Tee: 116, 140, 141, 158, 159, 171, 173, 183, 185, 190, 191, 198, 205, 210, 220, 229, 231, 232, 233, 234, 235, 257
Terra Preta: 39
Thripse: 110, 190, 238, 254, 275, 277
Thuja: 219, 293
Thujajauche: 219
Thujatee: 219
Thymian: 35, 65, 66, 70, 71, 81, 139, 220
Tomaten: 55, 59, 61, 62, 64, 65, 77, 89, 97, 100, 101, 111, 119, 125, 137, 165, 170, 186, 188, 189, 190, 197, 200, 210, 212, 214, 215, 218, 221, 229, 238, 240, 242, 248, 250, 251, 261, 266, 268, 269
Tomatenblätter: 100, 221, 260
Tomatenblätter-Kaltwasserauszug: 221
Tomatenpflanzen: 260
Tomatentriebjauche: 222
Tomatenwachstum: 162
Tonerde: 238
Ton-Humus-Komplexe: 22
Topfpflanzen: 170, 246
Trocknen von Kräutern: 131
Tröpfchenbewässerung: 79

U

Umfallkrankheit: 157
Ungeziefer: 96, 103, 207, 223, 254
Urin: 91, 260

V

Vegetationszeit: 16, 43, 111, 131, 141, 184, 195
Verbesserung der Früchte: 197
Verflüchtigung: 112

Stichwortregister

Vergorene Kräuterjauche: 222
Verjauchung: 166, 222
Viren: 96, 100, 102, 189, 228
Vorbeugung: 108–112, 155, 156, 200, 224, 227, 257, 266, 269, 270
Vorteile der Kompostanwendung: 32
Vorteile der Mischkultur: 56
Vorteile der organischen Nährstoffform: 26

W

Wachstumsförderung: 168, 170
wachstumsregulierend: 197
Warmwasserbehandlung: 270
Wasserglas: 155, 179, 224, 258, 261, 289
Was sind Pflanzenstärkungsmittel?: 107
Wässriger Moosextrakt: 200
Weinreben: 97, 100, 210
Weiße Fliegen: 67, 103, 163, 170, 202, 206, 207, 238, 255, 260, 275, 277
Welke: 188
Wermut: 55, 64–66, 70, 71, 132, 223
Wermutbrühe: 224, 249
Wermutjauche: 225
Wermuttee: 225, 226
Wichtige Kennzahlen und Empfehlungen: 145–149
Widerstandskraft: 22, 26, 107, 110, 114, 117–119, 139, 165, 180, 214, 257, 266, 267, 286, 292, 294
Wildverbiss: 210
Wintergemüse: 72
Winterspritzung: 131, 176, 251, 259
Wolfsmilch: 67, 71, 261
Wollaus: 186, 259

Wühlmaus: 67, 182, 183, 219, 245, 247, 258, 261
Wurmfarn: 175, 177
Wurzelausscheidungen: 55, 56
Wurzelbad: 157, 170, 266, 268
Wurzelfliegen: 224, 239, 277, 278
Wurzelkrankheiten: 184, 285
Wurzelläuse: 210
Wurzelpilze: 190

Z

Zellwachstum: 249
Zubereitungen und Wirkungen von pflanzlichen Spritzmitteln: 152
Zucchini-Gelbmosaik-Virus: 102
Züchtung: 109, 122
Zucker/Bittersalz/Kupfer-Mischung: 262
Zuckerlösung: 262
Zwiebel: 35, 59–69, 111, 125, 136, 189, 190, 198, 215, 218, 222, 226–229, 267, 268, 278
Zwiebelfliegen: 67, 198, 278
Zwiebelhähnchen: 67, 206
Zwiebelpflanzen: 262
Zwiebelschalenbrühe: 227
Zwiebelschalenjauche: 227, 228
Zwiebelschalentee: 228

Literaturnachweis:

Abtei Fulda | *Bio-Gärtnern wie in der Abtei Fulda* | Franckh-Kosmos Verlag | 1995

Böttner, Johannes | *Gartenbuch für den Anfänger* | Verlag M. & H. Schaper | Hannover | 1906

Chaboussou, Francis | *Pflanzengesundheit und ihre Beeinträchtigung* | Verlag C. F. Müller | 1996

Ertl-Marko, Angelika | *Das große Boden ABC* | Verlag Oliver | 2019

Grimm, Hans-Ulrich | *Vom Verzehr wird abgeraten* | Droemer Verlag | 2012

Heistinger, Andrea | *Das große Biogarten-Buch* | Verlag Löwenzahn | 2016

Hennig, Erhard | *Geheimnisse der fruchtbaren Böden* | Verlag Organischer Landbau | 1994

Heynitz, Kraft von/Merckens, Georg | *Der biologische Gartenboden* | Ulmer Verlag | 1994

Kaviraj, V. D. | *Homöopathie für Garten und Landwirtschaft* | Narayana Verlag | 2010

Kreuter, Marie-Luise | *Der Biogarten* | Verlag BLV | 2000

Masson, Pierre | *Landwirtschaft, Garten- und Weinbau biodynamisch* | AT Verlag | 2013

Maute, Christine | *Homöopathie für Pflanzen* | Narayana Verlag | 2012

Palme, Wolfgang | *Ernte mich im Winter* | Verlag Löwenzahn | 2019

Richberg, Inga-Maria | *Altes Gärtnerwissen wieder entdeckt* | Verlag BLV | 1996

Schnitzer, Arthur | *Schnecken – Über 100 Tipps für den Biogarten* | Verlag Löwenzahn | 2017

Sekera, Margareth | *Gesunder und kranker Boden* | Verlag Stocker | 1984

Snoek, Helmut | *Naturgemäße Pflanzenschutzmittel* | Verlag Pietsch | 1988

Thun, Maria | *Erfahrungen für den Garten* | Franckh-Kosmos Verlag | 1994

Würthle, Rolf | *Homöopathie für Garten- und Zimmerpflanzen* | Verlag BLV | 2002

Der Weg zum Biozertifikat

Das EU-Bio-Logo gibt Sicherheit

Das EU-Biologo soll dem Verbraucher auf Anhieb zeigen,

dass es sich um ein Bio-Produkt handelt.

Weitere Informationen finden Sie unter

www.lacon-institut.com